中等职业教育土木水利类专业“互联网+”数字化创新教材
中等职业教育“十四五”系列教材

建筑地基基础

张海霞 主编
蔡艺钦 古娟妮 副主编

中国建筑工业出版社

图书在版编目（CIP）数据

建筑地基基础／张海霞主编．—北京：中国建筑工业出版社，2020.11（2024.6重印）

中等职业教育土木水利类专业“互联网+”数字化创新教材．中等职业教育“十四五”系列教材

ISBN 978-7-112-25412-5

Ⅰ．①建…　Ⅱ．①张…　Ⅲ．①地基-基础(工程)-中等专业学校-教材　Ⅳ．①TU47

中国版本图书馆CIP数据核字（2020）第167496号

本教材为中等职业教育土木水利类专业“互联网+”数字化创新教材、中等职业教育“十四五”系列教材中的一本，共包括土体认知、地基处理、土方工程、基坑工程施工、浅基础工程和桩基础工程6个教学单元。本教材配备丰富的在线微课资源，可扫描二维码免费使用。

本书适合中等职业教育土木水利类专业师生使用，为方便授课，作者自制免费PPT课件，请加入QQ群796494830索取。

责任编辑：李天虹　李　阳

责任校对：李美娜

中等职业教育土木水利类专业“互联网+”数字化创新教材

中等职业教育“十四五”系列教材

建筑地基基础

张海霞　主编

蔡艺钦　古娟妮　副主编

*

中国建筑工业出版社出版、发行（北京海淀三里河路9号）

各地新华书店、建筑书店经销

北京鸿文瀚海文化传媒有限公司制版

建工社（河北）印刷有限公司印刷

*

开本：787毫米×1092毫米　1/16　印张：11¾　字数：292千字

2020年11月第一版　　2024年6月第三次印刷

定价：**38.00**元（赠课件）

ISBN 978-7-112-25412-5

（36402）

前　言

“建筑地基基础”是职业学校建筑施工技术专业的一门专业核心课程，本书遵循以学生为中心的理念，围绕岗位能力要求，以施工过程为主线进行编写。在编写时坚持适用、够用原则，内容浅显易懂，系统性和实用性相结合，理论与实践相结合，具有较强的基础性、实用性和可操作性。

本书具有以下几个特点：

（1）围绕建筑行业土建施工所需的岗位能力要求设置课程内容，结合职业教育特点，把专业能力和社会能力融入教学过程中。

（2）以施工流程为主线，以分项工程为载体，按照《建筑地基基础设计规范》GB 50007—2011、《建筑地基处理技术规范》JGJ 79—2012、《工程地质手册》等规范和参考书编写，详细阐述了基础工程的施工流程，同时插入了现代施工技术新方法、新工艺。

（3）结合广联达线上数字资源，融入动画、视频等丰富的教学资源，图文并茂、通俗易懂。

本书由广东省城市建设技师学院张海霞老师任主编。北京财贸职业学院秦伶俐老师编写教学单元1，丰宁职业技术教育中心武媛静老师编写教学单元2，镇江技师学院徐红仙老师编写教学单元3，广州市建筑工程职业学校蔡艺钦老师编写教学单元4，广东省城市建设技师学院古娟妮老师编写教学单元5，广东省城市建设技师学院张海霞老师编写教学单元6。全书由张海霞负责统稿。

由于编者理论和实践水平有限，在教材编写过程中难免会有疏漏和不足之处，敬请读者和同行批评指正，在此表示深深的谢意。

目　录

教学单元1　土体认知

【教学目标】

1. 知识目标

能说出土的形成过程；

能简述土的工程分类；

能说出土的物理指标定义；

能对土的物理状态进行划分；

能说出土的工程性质。

2. 能力目标

具备计算土的物理性质指标的能力；

具备判断无黏性土密实度的能力；

具备判断黏性土物理状态的能力。

【思维导图】

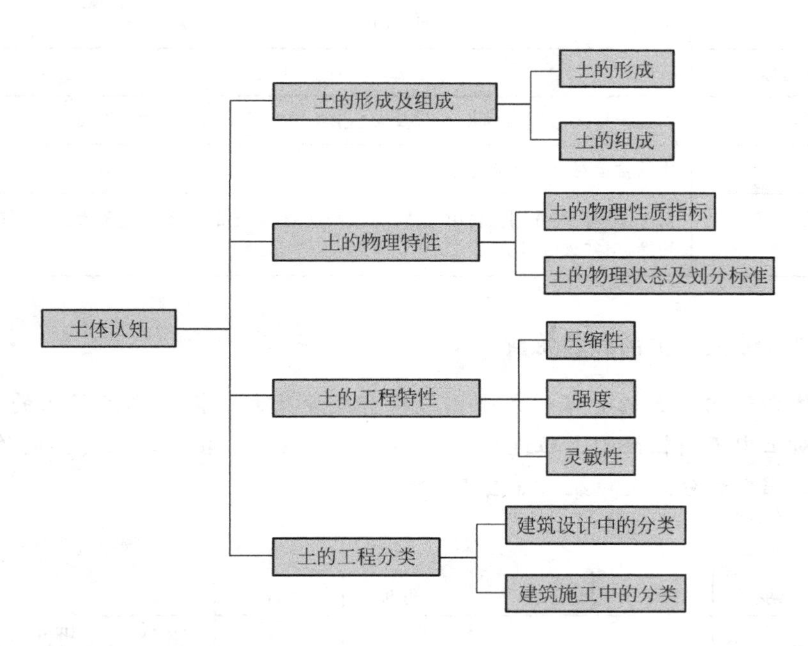

地壳表面的岩石在大气中由于长期受到风、霜、雨、雪的侵蚀和生物活动的破坏作用，发生崩解和破碎而形成大小不同的松散物质，这种松散物质就被称为土。土的地质年代不同，其工程性质将有很大变化。

1.1 土的形成及组成

1.1.1 土的形成

土是由岩石经物理化学风化、剥蚀、搬运、沉积，形成的固体矿物、流体水和气体的一种集合体，如图 1-1 所示。

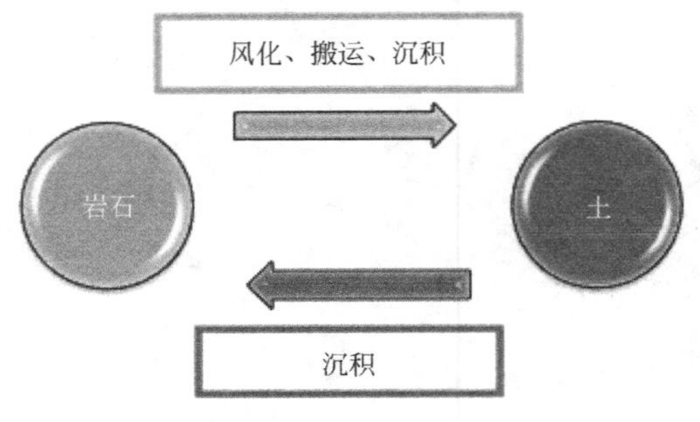

图 1-1 土的形成

1.1.2 土的组成

土由固体颗粒、水和气体三部分组成，通称土的三相组成，见表 1-1。

土的组成 **表 1-1**

土体组成名称	作用
固体颗粒	构成土骨架,大小、形状、成分及大小搭配决定了土的物理力学性质
水	水的含量对土体性质有重要影响
气体	对土体起次要作用。自由气体:与大气连通,对土的性质影响不大;封闭气体:增加土的弹性,阻塞渗流通道

知识链接 土的颗粒级配

土的固体颗粒构成土的骨架，大小、形状、成分及大小搭配决定了土的物理力学性质。工程中对土中不同粒径的土粒进行了分类，把粒径大小相近，性质接近的归为一类，即为粒组。工程中划分六大粒组，如图 1-2 所示。

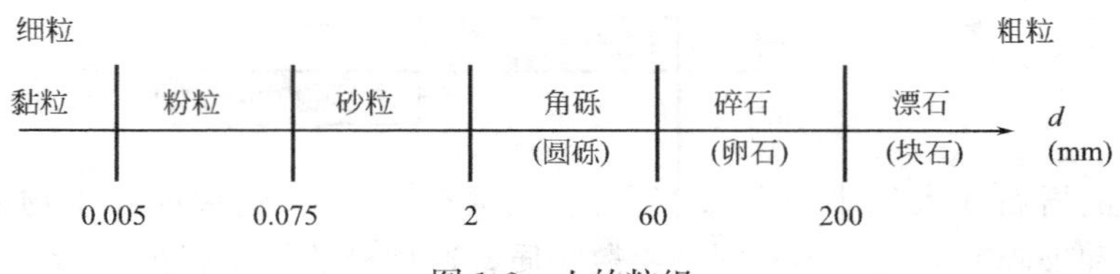

图 1-2 土的粒组

1. 颗粒级配

土中各个粒组的相对含量（各粒组占土粒总质量的百分数），称为土的颗粒级配。

工程测定方法：粗粒土（粒径>0.075mm）用筛分法；细粒土用比重计法或移液管法测定。

2. 颗粒级配曲线

把各种粒径的相对含量用坐标表示，绘制而成的曲线叫颗粒级配曲线。横坐标表示粒径，纵坐标表示小于某粒径的含量。

级配曲线较陡，表示颗粒大小相差不多，土粒均匀；反之，表示粒径相差较大。工程中常用 C_u 和 C_c 反映土的级配情况。

不均匀系数 C_u：$C_u=\dfrac{d_{60}}{d_{10}}$

曲率系数 C_c：$C_c=\dfrac{(d_{30})^2}{d_{10}\times d_{60}}$

式中：d_{10}——小于某粒径的土质量占总质量的10%时的粒径，也称有效粒径。

d_{60}——小于某粒径的土质量占总质量的60%时的粒径，也称限定粒径。

d_{30}——小于某粒径的土质量占总质量的30%时的粒径。

3. 颗粒级配的工程运用

(1) 粒组含量用于土的分类定名；

(2) 不均匀系数 C_u 用于判定土的不均匀程度：$C_u \geqslant 5$，为不均匀土；$C_u<5$，为均匀土；

(3) 曲率系数 C_c 用于判定土的连续程度：$C_c=1\sim3$，为级配连续土；$C_c>3$ 或 $C_c<1$，为级配不连续土；

(4) 不均匀系数 C_u 和曲率系数 C_c 用于判定土的级配优劣：

如果 $C_u \geqslant 5$ 且 $C_c=1\sim3$，为级配良好的土；

如果 $C_u<5$ 或 $C_c>3$ 或 $C_c<1$，为级配不良的土。

1.2　土的物理特性

1.2.1　土的物理性质指标

土的物理性质指标反映土的工程性质的特征，具有重要的实用价值。

土中三相之间相互比例不同，土的物理性质也不同。

土的三相组成如图1-3所示，左边表示各相的质量，右边表示各相的体积。

图中各部分用下列符号表示：

m_s——土粒质量；

m_w——土中水质量；

m_a——土中气体质量；

m——土的总质量；

V_s——土粒体积；

V_w——土中水体积；
V_a——土中气体体积；
V_v——土中孔隙体积；
V——土的总体积。

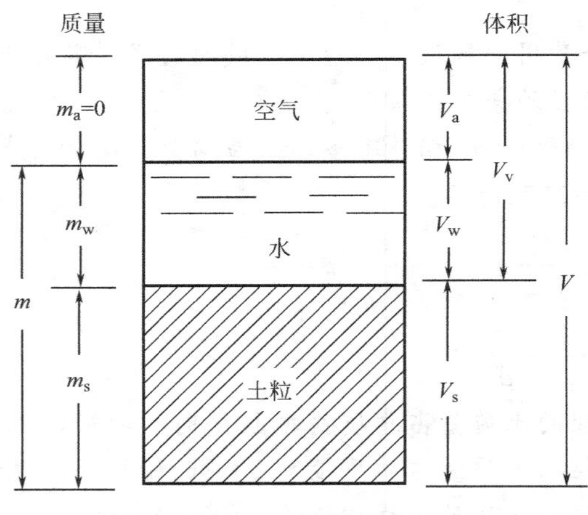

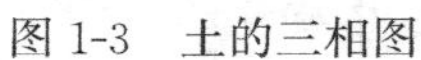
图 1-3　土的三相图

土的物理性质指标可以分成两大类，见表 1-2。

土的物理性质指标　　表 1-2

土的物理性质指标		概念	符号	表达式
基本指标（由实验室直接测定）	密度和重度	在天然状态下，单位体积土的质量，称为土的密度或天然密度。在天然状态下，单位体积土受到的重力，称为土的重度或重力密度	密度：ρ 重度：γ	$\rho=\dfrac{土的总质量}{土的总体积}=\dfrac{m}{V}$ $\gamma=密度\cdot重力加速度=\rho\cdot g$
	土粒相对密度	土中固体矿物质量与同体积4℃纯水的质量之比	d_s	$d_s=\dfrac{土中固体矿物质量\ m_s}{同体积4℃纯水的质量\ m_w}$
	土的含水量	土中水的质量与固体矿物质量之比，用百分数表示	w	$w=\dfrac{m_w}{m_s}\times100\%$
其他指标（由实验室不能直接测定）	土的孔隙比	土中孔隙的体积与固体颗粒的体积之比，用小数表示	e	$e=\dfrac{V_v}{V_s}$
	土的孔隙率	土中孔隙体积与土的总体积之比，用百分数表示	n	$n=\dfrac{V_v}{V}$
	土的饱和度	土中水的体积与孔隙的体积之比的百分数称为饱和度	S_r	$S_r=\dfrac{V_w}{V_v}$
	土的干密度和干重度	土中无水时，单位体积中固体颗粒的质量称为土的干密度。土中无水时，单位体积中固体颗粒受到的重力称为土的干重度	干密度：ρ_d 干重度：γ_d	$\rho_d=\dfrac{m_s}{V}(g/cm^3)$ $\gamma_d=\rho_d\cdot g$

续表

土的物理性质指标		概念	符号	表达式
其他指标（由实验室不能直接测定）	土的饱和密度和饱和重度	土中孔隙被水完全充满时，单位体积饱和土的质量称为土的饱和密度。 土中孔隙被水完全充满时，单位体积饱和土受到的重力称为土的饱和重度	饱和密度：ρ_{sat} 饱和重度：γ_{sat}	$\rho_{sat}=\frac{孔隙全部充满水的总质量}{土体总体积}$ $\gamma_{sat}=\rho_{sat}\cdot g$
	土的浮密度和浮重度	在地下水位以下，土体受浮力作用，单位体积中土粒质量扣除同体积水的质量后，称为土的浮密度。 在地下水位以下，土粒受水的浮力作用，把土粒受到的重力扣除水的浮力称为土的浮重度	浮密度：ρ' 浮重度：γ'	$\gamma'=\rho'\cdot g$

熟悉表1-2中的土的物理性质指标，对阅读地基勘察报告是必需的，而且要会利用表1-2中各指标的关系进行换算。各指标换算见表1-3。

土的三相比例指标换算公式　　表1-3

名称	符号	常用换算	单位	常见的数值范围
含水量	w	$w=\frac{S_r e}{d_s}=\frac{\rho}{\rho_d}-1$	%	20～60
土粒比重	d_s	$d_s=\frac{S_r e}{w}$	—	粉性土：2.72～2.75 粉土：2.70～2.71 砂土：2.65～2.69
密度	ρ	$\rho=\rho_d(1+w)$ $\rho=\frac{d_s(1+w)}{1+e}\rho_w$	g/cm³	1.6～2.0
干密度	ρ_d	$\rho_d=\frac{\rho}{1+w}=\frac{d_s\rho_w}{1+e}$	g/cm³	1.3～1.8
饱和密度	ρ_{sat}	$\rho_{sat}=\frac{d_s+e}{1+e}\rho_w$	g/cm³	1.8～2.3
有效密度	ρ'	$\rho'=\rho_{sat}-\rho_w$ $\rho'=\frac{d_s-1}{1+e}\rho_w$	g/cm³	0.8～1.3
孔隙比	e	$e=\frac{d_s\rho_w}{\rho_d}-1$　$e=\frac{d_s(1+w)\rho_w}{\rho}-1$	—	黏性土和粉土：0.40～1.20 砂土：0.3～0.9
孔隙率	n	$n=\frac{e}{1+e}=1-\frac{\rho_d}{d_s\rho_w}$	%	黏性土和粉土：30～60 砂土：25～45
饱和度	S_r	$S_r=\frac{wd_s}{e}=\frac{w\rho_d}{n\rho_w}$	%	0～100

知识链接

土的含水量表示土的干湿程度，含水量在5%以内的土，称为干土；含水量在5%～30%的土，称为潮湿土；含水量大于30%的土，称为湿土。

在施工中，经常采用最佳含水量的土。最佳含水量是指能使填土夯实至最密实的含水量。现场的判定方法就是“手握成团，落地开花”。

含水量的工程意义：含水量对于挖土的难易、施工时边坡稳定及回填土的夯实质量都有影响。

【例 1-1】 某土体试样在天然状态下的体积为60cm³，称得其质量为105.8g，将其烘干后称得质量为93.30g。试求试样的重度和含水量。

解：(1) 土体试样的重度

$$\rho=\frac{\text{土的总质量}}{\text{土的总体积}}=\frac{m}{V}=\frac{105.8}{60}=1.763\ (\text{g/cm}^3)$$

$$\gamma=\text{密度}\times\text{重力加速度}=\rho\cdot g=1.763\times10=17.63\ (\text{kN/m}^3)$$

(2) 土体试样的含水量

$$w=\frac{m_w}{m_s}\times100\%=\frac{105.8-93.30}{93.30}\times100\%=13.40\%$$

1.2.2 土的物理状态及划分标准

1. 无黏性土的密实度

土的孔隙比、含水量、饱和度等指标求得后，要说明土的状态还应解决一个问题，这就是：多大的孔隙比表明土是疏松或密实的？什么样的含水量表明土是软的或硬的？

砂土、碎石土等称为无黏性土。

砂类土（无黏性土）的成分中，缺乏黏土矿物，是无黏性的松散体。其密实程度对它的工程性质具有十分重要的影响，呈紧密状态时，其结构稳定、强度较高、压缩性低，是良好的天然地基。松散的砂土，则是结构不稳定的，尤其是饱和的细砂、粉砂常是一种软弱地基（需要处理）。

对于无黏性土，最重要的物理状态指标是密实度，它反映了其紧密程度，是确定地基承载力的主要指标。因此，工程中要求无黏性土需达到一定的密实度。

(1) 用孔隙比评价砂土的密实度

确定砂土的密实度的方法有几种，其中最为简便的是用孔隙比来确定，孔隙比越小，土越密实，反之越松散。工程中常根据孔隙比把砂土分为密实、中密、稍密与松散四类。用孔隙比确定砂土的密实度标准见表1-4。

砂土的密实度 **表 1-4**

土的名称	密实	中密	稍密	松散
砾砂、粗砂、中砂	$e<0.60$	$0.60\leqslant e<0.75$	$0.75\leqslant e<0.85$	$e\geqslant0.85$
细砂、粉砂	$e<0.70$	$0.70\leqslant e<0.85$	$0.85\leqslant e<0.95$	$e\geqslant0.95$

根据孔隙比评价砂土的密实度虽然方法简单，但有不足之处。由孔隙比的定义知：孔隙比仅表达了土中孔隙体积占多少这一个因素，无法反映土的颗粒级配的因素。但颗粒大

小、形状以及颗粒级配等对砂土的密实程度也有重要的影响。事实上，即使两种无黏性土具有相同的孔隙比，也不一定能表明它们处于同样的状态。如均匀的密砂其孔隙比反而大于级配良好的松砂的孔隙比。为克服此不足，工程上又采用相对密度来衡量（评价）砂土的密实度。

（2）相对密度 D_r 评价砂土的密实度

定义土的相对密度为：

$$D_r=\frac{e_{max}-e}{e_{max}-e_{min}} \tag{1-1}$$

式中：　e——砂土的天然孔隙比；

e_{max}、e_{min}——分别为土处于最松散和最密实时的最大、最小孔隙比。

这一公式（方法）反映了级配的影响因素。

显然 $D_r=0$ 时砂土处于最松散状态（$e=e_{max}$），$D_r=1$ 时砂土处于最密实状态（$e=e_{min}$）。相对密度 D_r 在 0～1 间变化，据此可把砂土分为三种密实状态，见表 1-5。

砂土的密实度　　**表 1-5**

相对密度 D_r	$0<D_r\leqslant 0.33$	$0.33<D_r\leqslant 0.67$	$0.67<D_r\leqslant 1$
密实度	疏松	中密	密实

采用 D_r 作为评价砂土的密实度的标准，理论上完善。但由于 e_{max} 及 e_{min} 不易测定准确，同一砂样，数值因人而异，因此此法在应用上受到了限制（实际应用时，一般是采用最小干密度 ρ_{dmin} 换算 e_{max}，用最大干密度 ρ_{dmax} 换算 e_{min}）。

（3）标准贯入试验评价砂土的密实度

由于以上方法的不足，标准贯入试验在工程中得到了广泛的应用。砂土的密实度根据标准贯入试验的锤击数 N 分为松散、稍密、中密、密实四种，见表 1-6。

按 N 值划分砂土的密实度　　**表 1-6**

标准贯入试验锤击数	$N\leqslant 10$	$10<N\leqslant 15$	$15<N\leqslant 30$	$N>30$
砂土密实度	松散	稍密	中密	密实

标准贯入试验是一种现场原位测试，是将质量为 63.5kg 的锤，在落距为 760mm 的条件下自由下落，将贯入器垂直击入土中，测定每贯入 300mm 所需要的锤击数 N。N 值的大小，反映土的贯入阻力的大小，亦即密实度的大小，其判断标准见表 1-6。此方法在工程实际中已广泛应用，并据此测定砂土的承载力及其他指标。

（4）碎石土的评价方法

平均粒径小于或等于 50mm，且最大粒径不超过 100mm 的碎石土，可按表 1-7 将碎石土的密实度划分为松散、稍密、中密、密实四种。

按 $N_{63.5}$ 值划分碎石土的密实度　　**表 1-7**

重型圆锥动力触探锤击数 $N_{63.5}$	$N_{63.5}\leqslant 5$	$5<N_{63.5}\leqslant 10$	$10<N_{63.5}\leqslant 20$	$N_{63.5}>20$
碎石土密实度	松散	稍密	中密	密实

当平均粒径大于 50mm，或最大粒径超过 100mm 时采用野外鉴别法。

2. 黏性土的物理特征

黏性土由于含水量不同，状态会有很大差别。如：当某黏性土含水量很大时，即土中自由水达到相当数量时，呈流动状态，此时强度很低（呈泥浆状态）。当土中水分减少时，泥浆变稠，达到一定程度，土就不能再流动了，这时土开始具有可塑性，处于可塑状态。即在外力作用下，土可以塑成任意形状而不产生裂纹，外力去掉后，能保持原状而不恢复，土的这种特征称为可塑性，这是黏土区别于无黏性土的一个重要特征。如果此时土中水分进一步减少，土就由可塑状态变成了半固态，即这时土的形状不再发生变化，但土的体积会因为水分的减少而收缩，当土体中水分进一步减少时，土就由半固态变为固态，此时体积和形状都不再发生变化。

（1）黏性土的塑限和液限

黏性土由半固态→可塑状态→流动态，相应的地基承载力可由 $f>300\text{kPa}\rightarrow f<50\text{kPa}$，可见黏性土的最主要性质是土粒与水作用产生的稠度（软、硬程度）而不再是 e、D_r 等指标。稠度反映土粒间连接强度随含水量变化的性质，其中各不同状态间的分界含水量具有重要意义。

1）界限含水量

黏性土体由一种状态变为另一种状态时的分界含水量称为界限含水量（了解黏性土的含水量由量变引起质变的基本性质以及掌握界限含水量试验数量关系，对黏性土的工程性质评价及分类有重要意义）。

2）黏性土的液限 w_L

土由流动状态变为可塑状态的界限含水量称为液限，用符号 w_L 表示。

目前，我国采用锥式液限仪测定土的液限。

3）黏性土的塑限 w_P

土由可塑状态转变为半固态的界限含水量称为塑限，记为 w_P。而把土由半固态转为固态的界限含水量称为缩限，记为 w_s。塑限的测定可用“搓条法”。

黏性土的这些状态与含水量的关系如图 1-4 所示。

0 w_s w_p w_L w(%)

固态 半固态 塑态 液态

图 1-4 黏性土的状态与含水量

（2）塑性指数与液性指数

1）塑性指数 I_p

由图 1-4 可见，液限和塑限分别是土处于可塑状态时的上限和下限含水量。液限和塑限的差值表明了土处于可塑状态的含水量变化的范围，因此用液限和塑限之差值去掉百分号作为塑性指数，即 $I_p=w_L-w_p$（去掉百分号），反映土的黏性的指标。

塑性指数 I_p 越大，说明土处在可塑状态时含水量变化范围越大，即说明土处于可塑状态时，吸收水分的能力越强（土粒越细，黏粒含量越高，则其比表面积就大，可能的结合水含量越高，表面活动性越强，这时液限 w_L 增大，因而塑性指数 I_p 也增大）。

塑性指数 I_p 的大小与土中的黏粒含量、土的矿物成分、土中结合水的多少等因素有关，它反映了黏土颗粒与水相互作用的程度，是使土性质发生变化的一个综合性指标。目前用塑性指数对黏性土进行命名，见表 1-8。

黏性土的名称　　表 1-8

塑性指数 I_p	土的名称
$I_p>17$	黏土
$10<I_p\leqslant17$	粉质黏土

【例 1-2】 某黏性土 $w_L=28\%$，$w_P=16\%$，请给该黏性土命名。

解：先求该土的 I_p：

$I_p=28-16=12$

查表 1-7 得出该黏性土为粉质黏土。

2）液性指数 I_L

液性指数是用来判别黏性土软、硬程度（或稠度）的指标。它是黏性土的含水量和塑限之差值与塑性指数的比值，记为 I_L。即：

$$I_L=\frac{w-w_p}{w_L-w_p}=\frac{w-w_p}{I_p} \tag{1-2}$$

从公式可以看出：当 $w\rightarrow w_p$ 时，$I_L\rightarrow0$，说明土趋于坚硬；当 $w\rightarrow w_L$ 时，$I_L\rightarrow1$，说明土趋于流动；$w<w_p$ 时，$I_L<0$，此时土处于坚硬状态（半固态、固态）；$w>w_L$ 时，$I_L>1$，此时土处于流动状态；当 w 在 $w_P\sim w_L$ 之间时，I_L 在 0～1 之间，土处于可塑状态。

根据液性指数，黏性土的状态可按表 1-9 分为坚硬、硬塑、可塑、软塑、流塑，也可用图 1-3 表示。

黏性土的状态　　表 1-9

液性指数 I_L	状态
$I_L\leqslant0$	坚硬
$0<I_L\leqslant0.25$	硬塑
$0.25<I_L\leqslant0.75$	可塑
$0.75<I_L\leqslant1$	软塑
$I_L>1$	流塑

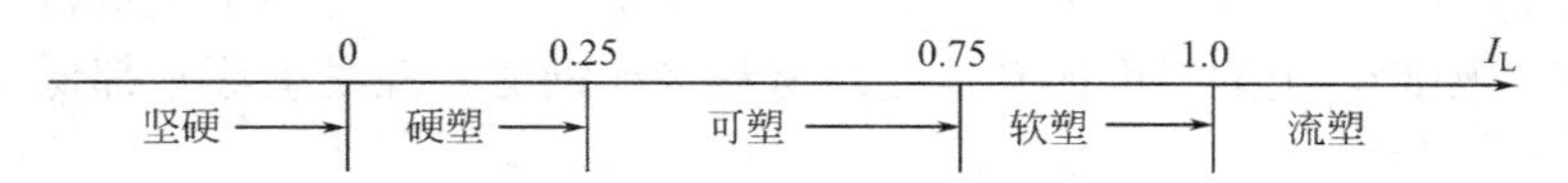

图 1-3　黏性土液性指数与物理状态的关系

【例 1-3】 某土层的天然含水量 $w=47\%$，液限 $w_L=41\%$，塑限 $w_P=18\%$，试确定土的名称并判断土的状态。

解：$I_p=41-18=23$

$$I_L=\frac{w-w_p}{w_L-w_p}=\frac{w-w_p}{I_p}=\frac{47-18}{41-18}=1.26$$

$I_p=23>17$，该土为黏土。$I_L=1.26>1.0$，该土处于流塑状态。

即：该土为流塑状态的黏土。

这种判别黏性土软硬（状态）程度的标准是不完善的，即没有考虑土的结构的影响，在含水量相同的条件下，原状土要比重塑土坚硬，所以，用上述标准判别土的软硬时，对重塑土比较合适，而对原状土就略为保守了，当然影响不是很大。

（3）黏性土的灵敏度

灵敏度（S_t）是黏性土天然结构破坏前后的抗压强度的比值。天然状态的黏性土一般都具有一定的结构性，当外界扰动时，其强度降低，压缩性增大。

土的灵敏度越高，则土的结构性越强，扰动后土的强度降低越多。因此，在高灵敏度的地基上进行施工时，应特别注意保护基槽，尽量减少对土体的扰动。

知识链接

根据灵敏度可以将黏性土分为低灵敏度（$1<S_t\leqslant2$）、中灵敏度（$2<S_t\leqslant4$）。土的灵敏度越高，其结构性越强，受扰动后土的强度降低就越明显。

测试方法：现场原位测试中的十字板剪切试验为测量土的灵敏度的主要方法，可以快速准确地确定土的灵敏度。

1.3　土的工程特性

土与其他连续固体介质的建筑材料相比，具有下列三个显著的工程特性：

压实性

1. 压缩性高

土体在外力作用下，土颗粒重新排列，导致土体孔隙体积减小，孔隙中水、气体排出，产生压缩。弹性模量 E（土称为变形模量）是反映材料压缩性高低的指标，随材料性质不同而有极大的差别。当应力数值相同，材料厚度一样时，各类土的压缩性比其他建筑材料（如钢筋、混凝土等）高很多。

2. 强度低

土的强度是指抗剪强度，而非抗压强度或抗拉强度。

摩尔–库仑强度理论

无黏性土的强度来源于土粒表面的滑动摩擦和颗粒间的咬合摩擦；黏性土的强度除摩擦力外，还有黏聚力。无论摩擦力还是黏聚力，均小于建筑材料本身的强度，因此，土的强度比其他建筑材料（如钢材、混凝土等）都低得多。

3. 透水性大

土体由固体颗粒、液体、气体三相组成，固体颗粒之间有无数孔隙，水可以在其中流动，因此土的透水性大，特别是粗颗粒的砂石，透水性更大。

知识链接　土的压缩性

1. 定义

土的压缩性是指土体在外力作用下体积减小的特征。

2. 土体压缩的原因

土体压缩的原因如图 1-4 所示。

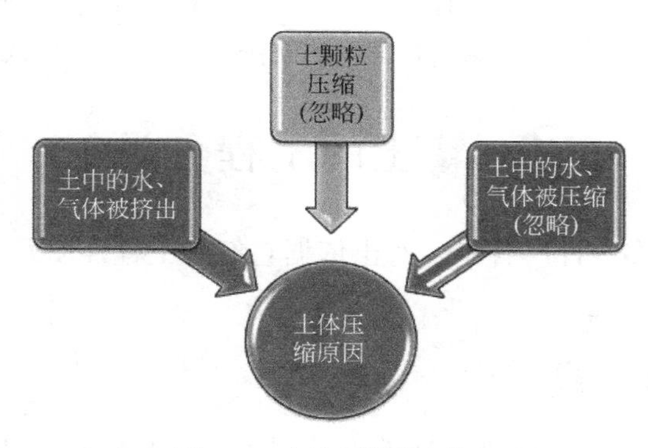

图 1-4　土体压缩的原因

3. 压缩系数 a

根据不同压力 p_i 作用下，达到稳定的孔隙比 e_i，绘制的 e-p 曲线，称为压缩曲线（图 1-5）。该曲线的斜率可衡量土的压缩性。压缩系数就是土体在侧限条件下孔隙比减少量与竖向压应力增量的比值。

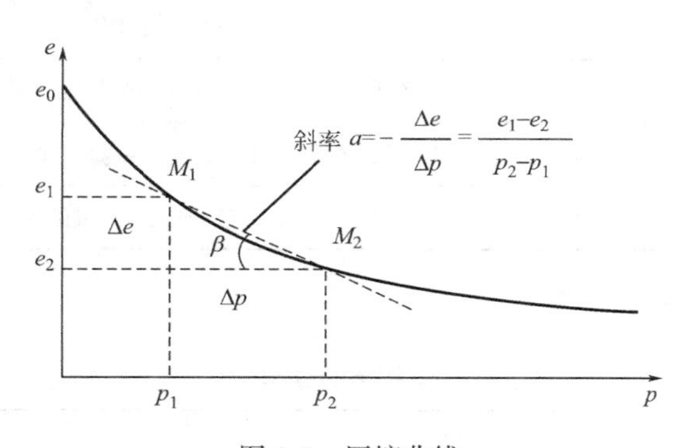

图 1-5　压缩曲线

4. 地基土压缩性的判断

（1）根据《建筑地基基础设计规范》GB 50007—2011 规定

通常用压力间隔由 $p_1=100\text{kPa}$ 到 $p_2=200\text{kPa}$ 时的压缩系数 a_{1-2} 来评价土的压缩性：

$$a_{1-2}<0.1\text{MPa}^{-1}\qquad 低压缩性$$

$$0.1\text{MPa}^{-1}\leqslant a_{1-2}<0.5\text{MPa}^{-1}\qquad 中压缩性土$$

$$a_{1-2}\geqslant 0.5\text{MPa}^{-1}\qquad 高压缩性土$$

（2）根据压缩模量 E_s 判断

土的压缩模量就是在完全侧限条件下，土体竖向压力的变化增量与相应竖向应力的比值：

$$E_s = \frac{(1+e_1)}{a}$$

同样可用压力间隔由压力 $p_1=100\text{kPa}$，$p_2=200\text{kPa}$ 范围内的压缩模量 E_s 评价地基土的压缩性：

$E_s < 4\text{MPa}$ 高压缩性土

$4\text{MPa} \leqslant E_s < 15\text{MPa}$ 中压缩性土

$E_s \geqslant 15\text{MPa}$ 低压缩性土

1.4 土的工程分类

自然界中土种类繁多、性质各异，对土依据它们的工程性质及力学性能进行分类，以便认识和评价土的工程特性。

1.4.1 建筑设计中的分类

在建筑设计中，根据《建筑地基基础设计规范》GB 50007—2011 将土分为岩石、碎石土、砂土、粉土、黏性土和人工填土。

1. 岩石分类（表 1-10）

岩石的分类 **表 1-10**

分类依据	名称
成因	岩浆岩、沉积岩、变质岩
坚硬程度	坚硬岩、较硬岩、较软岩、软岩、极软岩
风化程度	未风化、微风化、中等风化、强风化、全风化
岩石完整程度	完整、较完整、较破碎、破碎、极破碎

2. 碎石土分类（表 1-11）

碎石土的分类 **表 1-11**

土的名称	颗粒形状	粒组含量
漂石 块石	圆形及亚圆形为主 棱角形为主	粒径大于 200mm 的颗粒含量超过全重 50%
卵石 碎石	圆形及亚圆形为主 棱角形为主	粒径大于 20mm 的颗粒含量超过全重 50%
圆砾 角砾	圆形及亚圆形为主 棱角形为主	粒径大于 2mm 的颗粒含量超过全重 50%

3.砂土分类（表1-12）

砂土的分类　　**表1-12**

土的名称	粒组含量
砾砂	粒径大于2mm的颗粒含量占全重25%～50%
粗砂	粒径大于0.5mm的颗粒含量超过全重50%
中砂	粒径大于0.25mm的颗粒含量超过全重50%
细砂	粒径大于0.075mm的颗粒含量超过全重85%
粉砂	粒径大于0.075mm的颗粒含量超过全重50%

4.黏性土分类（表1-13）

黏性土的分类　　**表1-13**

土的名称	判别依据
粉质黏土	$10 < I_p \leq 17$
黏土	$I_p > 17$

1.4.2　建筑施工中的分类

在建筑施工中，根据土开挖的难易程度，将土分为松软土、普通土、坚土、砂砾坚土、软石、次坚石、坚石和特坚石八类，见表1-14。

土的工程分类　　**表1-14**

土的分类	土的名称	现场鉴别方法
一类土(松软土)	砂、砂质粉土、冲积砂土层、种植土、泥炭(淤泥)	能用锹、锄头挖掘
二类土(普通土)	潮湿的黄土、填筑土等	能用锹、锄头挖掘，少数用镐翻松
三类土(坚土)	软及中等密实黏土、粗砾石、压实的填筑土等	主要用镐，少许用锹、锄头挖掘，部分用撬棍
四类土(砂砾坚土)	重粉质黏土及含碎石、卵石的黏土、软泥灰岩等	整个用镐、撬棍，然后用锹挖掘，部分用楔子及大锤
五类土(软石)	硬质黏土、泥灰岩、软的石灰岩等	用镐、撬棍、大锤挖掘，部分使用爆破
六类土(次坚石)	泥岩、砂岩、砾岩、坚实的页岩、风化的花岗岩等	用爆破方法开挖，部分用风镐
七类土(坚石)	大理石、辉绿岩、坚实的白云岩、石灰岩等	用爆破方法
八类土(特坚石)	安山岩、玄武岩、花岗片麻岩、石英岩、辉长岩等	用爆破方法

【单元总结】

本单元主要引导我们认知土，土的组成成分在建筑工程设计和施工中起着重要的作用。

本单元从土的形成开始，逐渐展开学习土的组成、土的物理特性、土的工程特性和土的工程分类。土的物理特性从认识土的物理性质指标开始，物理性质指标有基本指标和其他指标，前者由实验室直接测定，后者实验室不能直接测定，而是由前者推导而出；黏性土和无黏性土的物理状态描述是完全不同的，具有不同的指标、不同的特性。土与其他连续介质的建筑材料相比，具有三个显著的工程特性，都有哪些呢？实际工程中，根据任务目的的不同，我们需要了解土的不同的工程分类。

【思考及练习】

一、单选题

1. 天然状态下，土的含水量是土中水的质量与（　　）之比。

A. 土中气质量　　B. 土的体积　　C. 土的总质量　　D. 土颗粒质量

2. 黏性土是塑性指数大于（　　）的土。

A. 7　　B. 9　　C. 10　　D. 12

3. 在土力学中，把砂土分为（　　）类。

A. 3　　B. 4　　C. 5　　D. 6

4. 土的强度是指土的（　　）。

A. 抗压强度　　B. 抗拉强度　　C. 抗剪强度　　D. 抗弯强度

5. 某砂土土样的天然孔隙比为 0.461，最大孔隙比为 0.943，最小孔隙比为 0.396，则该砂土的相对密度为（　　）。

A. 0.404　　B. 0.881　　C. 0.679　　D. 0.615

6. 某地基土，含水量为 19.3%，液限为 28.3%，塑限为 16.7%，则液性指数为（　　）。

A. 0.224　　B. 0.225　　C. 0.226　　D. 0.227

二、简答题

1. 土的物理性质指标有哪些？其中哪几个可以直接测定？

2. 何谓孔隙比？

3. 无黏性土最主要的物理状态指标是什么？

4. 黏性土的物理状态指标是什么？

5. 地基土分哪几类？各类土划分的依据是什么？

教学单元 2　地基处理

【教学目标】

1. 知识目标

了解特殊性地基土的工程性质；

理解特殊性地基土的种类和特征；

掌握地基的概念和分类；

掌握常见地基处理方法。

2. 能力目标

培养学生理论联系实际、善于分析思考的好习惯，树立团队合作的意识，并加强安全教育，增强其职业素养。

【思维导图】

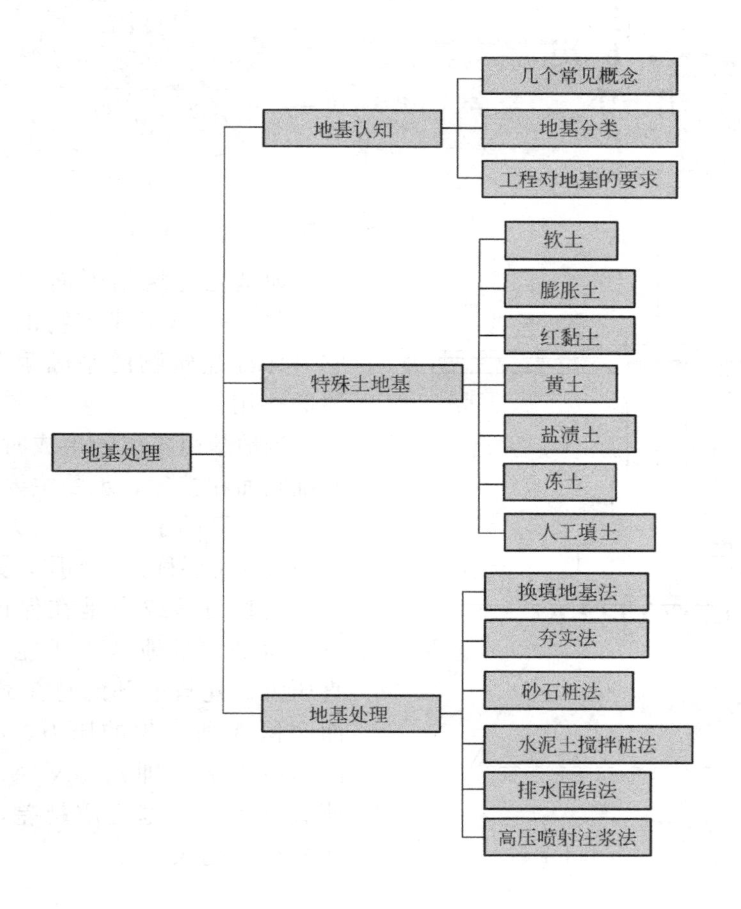

任何建筑物都建造在地层上，建筑物的全部荷载均由它下面的地层来承担。建筑物下面支承基础的土体或岩体称为地基，地基是建筑物的根基，又属于地下隐蔽工程，它的勘察、设计和施工质量直接关系着建筑物的安危。在建设工程中不可避免会遇到地质条件不好的地基，这时就需要进行处理，提高其承载力，改善其特性。

2.1 地基认知

2.1.1 几个常见概念

各类建筑物都是建造在一定的土层上的，它们一般包括三部分，即上部结构、基础和地基，如图 2-1 所示。

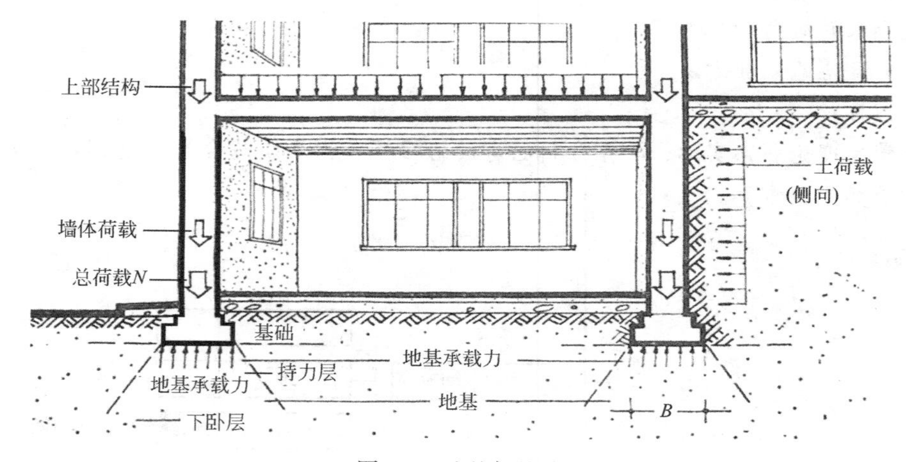

图 2-1 地基与基础

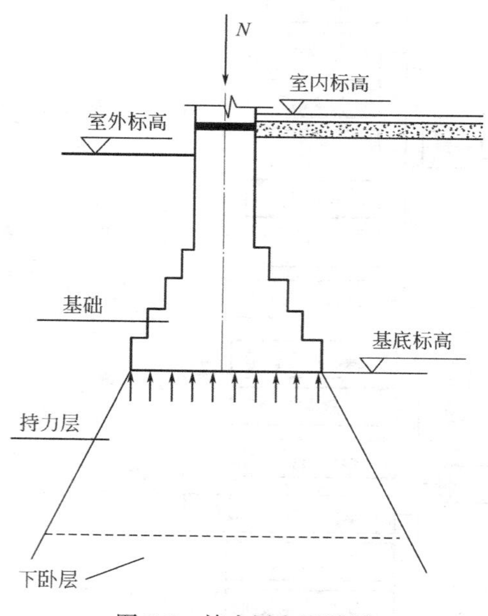

图 2-2 持力层和下卧层

地基是建筑物下面支承基础的土体或岩体，不属于建筑物的组成部分，但它对保证建筑物的坚固耐久具有非常重要的作用。

当地基由多层土组成时，地基直接与基础底面相接触，承受主要荷载，并需进行力学计算的土层称为持力层，持力层以下的其他土层称为下卧层，如图 2-2 所示。

地基的承载力是在保证稳定的条件下，每平方米地基土所能承受的最大垂直压力。建筑上部的总荷载 N 对基础底面面积 A 所产生的压力，不应大于地基的承载力 f_a，即 $f_a \geqslant N/A$。建筑上部的荷载越大，地基土质越差，要求基础底面面积应越大。

2.1.2　地基的分类

地基可分为天然地基和人工地基。

天然地基是有足够的承载力，不需要经过人工加固就能够承受建筑全部荷载的地基，如密实的砂土层、老黏土层等。

人工地基是指土层的承载力较差，或虽然土层较好，但上部荷载较大时，为了使地基具有足够的承载力，对土层进行人工加固和改良，从而改善其变形性质或渗透性质，经过人工处理的地基。

2.1.3　工程对地基的要求

（1）地基应有一定的承载力和较小的压缩性。

（2）地基的承载力应分布均匀，并有良好的稳定性。

（3）尽量采用天然地基，以满足经济的要求。

2.2　特殊土地基

人们把具有特殊工程性质的土类叫作特殊土。

它们各自具有一些特殊的成分、结构和性质，如黄土的湿陷性、膨胀土的胀缩性、软土的高压缩性、冻土的冻胀变形、盐渍土的融陷和腐蚀性等。当其作为建筑物地基时，如果处理不当，可能会造成事故。应根据其特点和工程要求，因地制宜，综合治理。

特殊土的种类有：

- 沿海及内陆静水沉积的软土；
- 南方和中南地区的膨胀土；
- 西南亚热带湿热气候条件下的红黏土；
- 西北、华北干旱气候区的黄土；
- 西北、华北干旱气候区的盐渍土；
- 高纬度、高海拔寒冷气候区的冻土；
- 各地人类工程活动的填土。

2.2.1　软土（mucky soil）

1. 定义

软土是指天然孔隙比大于或等于 1，且天然含水量大于液限的细粒土，包括淤泥、淤泥质土、泥炭、泥炭质土等，如图 2-3 所示。

2. 分布

我国软土主要分布在沿海地区，如东海、黄海、渤海等沿海地区，内陆平原以及一些山间洼地亦有分布。

3. 分类

根据孔隙比、液限及有机质含量对软土进行分类，见表 2-1。

图 2-3 淤泥质土

软土分类 **表 2-1**

特征	名称	备注
$e \geqslant 1.5, I_L > 1$	淤泥	e—— 天然孔隙比 I_L—— 液限指数 W_u—— 有机质含量
$1.5 > e \geqslant 1.0, I_L > 1$	淤泥质土	
$W_u > 60\%$	泥炭	
$10\% < W_u \leqslant 60\%$	泥炭质土	

4. 工程特性

(1) 含水量高，天然含水量大于液限，处于软塑一流塑状态。

(2) 透水性低，一般垂直方向的渗透系数较水平方向小。

(3) 压缩性大，强度低，处于欠压密状态。

(4) 具有显著的蠕变和触变性（高灵敏度）。

知识链接

蠕变（creep）：在一定荷载下，土的剪切变形随时间增长的特性。

触变（thixotropy）：土受扰动后强度降低，但随时间增长强度能部分恢复的性能。

珠海某海堤，堤下淤泥层深达 20m，淤泥含水量达到 80%左右，由于堤身填土高度超过地基极限填土高度而发生滑坡破坏，经相关单位处理解决（图 2-4）。

图 2-4 珠海某海堤

2.2.2　膨胀土（expansive soil）

1. 定义

在工程建设中，经常会遇到一种具有特殊变形性质的黏性土，它是一种富含亲水性黏土矿物，且随含水量的增减体积发生显著胀缩变形的硬塑性黏土，并且这种作用循环可逆，具有这种膨胀和收缩性的土，即称为膨胀土，如图2-5所示。

图2-5　膨胀土

2. 分布

膨胀土在全国均有分布，以云南、广西、贵州、湖北最具代表性。一般位于山前丘陵地区或河谷高阶地上，盆地内岗和二、三级阶地上。

大多数是上更新世及以前的残坡积、冲积、洪积物，也有晚第三纪至第四纪的湖泊沉积及其风化层。

3. 主要特征

（1）呈黄褐、灰白、花斑等颜色；

（2）黏粒含量高，且为亲水性很强的蒙脱石等黏土矿物，土中可溶盐及有机质含量较低，常含铁锰或钙质结核，结构致密；

（3）表面有大量网状裂隙，裂面有蜡状光泽的挤压面；

（4）膨胀、收缩变形可随环境变化往复发生，导致土的强度衰减；

（5）液限大于40%的高塑性土。

4. 工程特性

（1）含水量低，呈坚硬—硬塑状态；

（2）孔隙比小，密度大；

（3）具膨胀力，自由膨胀量大于40%；

（4）天然状态下压缩性低，承载力高，但由于干缩裂隙发育，稳定性差，浸水后或被扰动时，强度骤然降低（图2-6）。

知识链接　膨胀土的判别

我国《膨胀土地区建筑技术规范》GB 50112规定，具有下列工程地质特征的场地，

图 2-6　某高架灌渠支墩因膨胀土地基而倾斜

且自由膨胀率大于40%的，应判定为膨胀土：

(1) 裂隙发育，常有光滑面和擦痕，有的裂隙中充填着灰白、灰绿色黏土，在自然条件下呈坚硬或硬塑状态；

(2) 多出露于二级或二级以上阶地、山前和盆地边缘丘陵地带，地形平缓，无明显的陡坎；

(3) 常见浙层塑性滑坡、地裂、新开挖（槽）壁易发生坍塌等；

(4) 建筑物裂缝随气候变化而张开闭合。

自由膨胀率：指人工制备的烘干土，在水中增加的体积与原体积的比，以百分率表示。

知识链接　膨胀土地基上房屋开裂的特点

(1) 山墙呈“倒八字形”，裂缝上宽下窄；

(2) 外纵墙下端呈水平裂缝，基础向外扭转，墙体上部内倾（图 2-7）；

(3) 房屋角端裂缝严重，而且常伴随着一定的水平位移和转动；

(4) 地坪多出现平行于外纵墙的通长裂缝；

(5) 地基反复多次胀缩，使墙体裂缝斜向交叉。

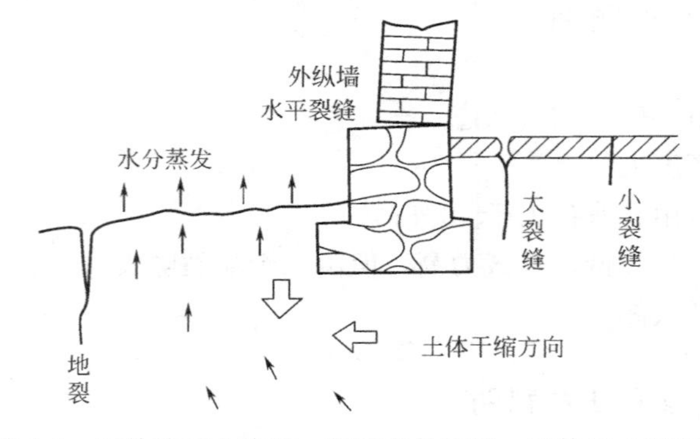

图 2-7　因外墙基土收缩、基础向外扭转，墙体呈水平裂缝

2.2.3　红黏土（laterite）

1. 定义

红黏土为由碳酸盐类岩石（石灰岩、白云岩、泥质灰岩等）在亚热带湿热气候条件下，经强烈风化作用而形成的褐红色、棕红色或黄褐色的高塑性黏土，如图 2-8 所示。

图 2-8　红黏土

2. 分布

红黏土分布在云贵高原、四川东部、广西、广东北部、湖南西部及湖北西部。一般位于低山丘陵地带顶部和山间盆地、缓坡及坡脚地段。

3. 主要特征

（1）呈褐红色，富含铁铝氧化物，黏粒含量很高，具有高度分散性，颗粒细而均匀，黏土矿物以高岭石为主；

（2）土层中常有石芽、溶洞或土洞分布其间；

（3）地表裂隙发育；

（4）沿深度含水量增大，土质由硬变软；

（5）在水平方向上厚度变化较大，造成地基不均匀性。

知识链接　红黏土地基评价

红黏土的表层，为良好地基，可充分利用其作为天然地基持力层，基础宜尽量浅埋。

红黏土的底层，接近下卧基岩面附近，尤其在基岩面低洼处，因地下水积聚，常呈软塑一流塑状态，强度低，压缩性高，容易引起地基不均匀沉降，应注意查清基岩面起伏状况，并进行必要的处理。

对红黏土中的土洞，应查明其部位与大小，进行填充处理。

红黏土中的网状裂隙，对土坡和基础有不良影响，基槽应防止日晒雨淋。

2.2.4 黄土（loessal soil）

1.定义

黄土（图 2-9）是一种产生于第四纪地质历史时期干旱条件下的沉积物，主要呈黄色或褐黄色（包括原生黄土及次生黄土）。

图 2-9 黄土

黄土在整个第四纪的各个世中均有堆积，而各世中黄土由于堆积年代长短不一，上覆土层厚度不一，其工程性质不一。一般黄土（全新世早期～晚更新期）与新近堆积黄土（全新世近期）具有湿陷性。而比上两者堆积时代更老的黄土，通常不具湿陷性。

2.分布

黄土的覆盖面积在整个欧洲约占 10%，亚洲约占 30%；我国黄土分布面积 60 多万平方公里，其中有湿陷性的约为 43 万平方公里。

黄土主要分布在黄河中游的甘肃、陕西、山西、宁夏、河南、青海等地。地理位置属于干旱与半干旱气候地带。其物质主要来源于沙漠与戈壁。

3.黄土分类

黄土按成因分为：原生黄土和次生黄土；

黄土按形成年代分为：老黄土和新黄土；

黄土按湿陷性分为：湿陷性黄土和非湿陷性黄土。

4.主要特征

我国黄土一般具有以下特征：

（1）颜色以黄色、褐黄色为主，有时呈灰黄色；

（2）颗粒以粉粒为主；

（3）有肉眼可见的大孔隙，孔隙比一般在 1.0 左右；

（4）富含碳酸盐类，垂直节理发育。

5.湿陷性黄土（collapsibility）

在一定压力下受水浸润后，结构迅速破坏而产生显著沉陷的性质叫湿陷性（图2-10）。黄土受水浸湿后，在上覆土层自重应力作用下发生湿陷的称自重湿陷性黄土；不发生湿陷，而需在自重和外荷共同作用下才发生湿陷的称为非自重湿陷性黄土。

图2-10　湿陷性黄土地区

知识链接　黄土的判别

（1）湿陷性与非湿陷性黄土的判别

黄土的湿陷性试验是在室内的固结仪内进行的，其方法是：分级加荷至规定压力，当下沉稳定后，使土样浸水直至湿陷稳定为止，其湿陷系数的计算式是：

$$\delta_s=\frac{h_p-h'_p}{h_0}$$

式中：h_0——原状土样的原始高度（cm）；

h_p——原状土样在规定压力下，下沉稳定后的高度（cm）；

h'_p——上述加压稳定后的土样，在浸水作用下，下沉稳定后的高度（cm）。

利用湿陷系数的值，可判定黄土是否有湿陷性：

当$\delta_s<0.015$时，为非湿陷性黄土；

当$\delta_s\geqslant0.015$时，为湿陷性黄土，且该值越大，湿陷性越强烈。

工程实际中还规定（一般压力为200kPa作用下）：湿陷系数为0.015～0.03时，湿陷性轻微；湿陷系数为>0.03～0.07时，湿陷性中等；湿陷系数>0.07时，湿陷性强烈。

（2）自重与非自重湿陷性黄土的判别

自重湿陷性：当某一深度处的黄土层被水浸湿后，仅在其上覆土层的饱和自重压力下产生湿陷变形的，称为自重湿陷性。

非自重湿陷性黄土：当某一深度处的黄土层浸水后，除上覆土的饱和自重外，尚需要一定的附加荷载（压力）才发生湿陷的，称非自重湿陷性。

测定方法：也是在室内固结仪上进行，即分级加荷至上覆土层的饱和自重压力，当下沉稳定后，使土样浸水湿陷达稳定为止。

自重湿陷系数的计算公式：

$$\delta_{zs}=\frac{h_z-h'_z}{h_0}$$

式中：h_0——土样的原始高度（cm）；

h_z——原始土样加压至上覆土的饱和自重压力时，下沉稳定后的高度（cm）；

h'_z——上述加压稳定后的土样，在浸水作用下，下沉稳定后的高度（cm）。

当 $\delta_{zs}<0.015$ 时，为非自重湿陷性黄土；

当 $\delta_{zs}\geqslant0.015$ 时，为自重湿陷性黄土。

2.2.5 盐渍土（saline soil）

1.定义

盐渍土（图 2-11）是盐土和碱土以及各种盐化、碱化土壤的总称。盐渍土中易溶盐含量大于 0.3% 。盐土是指土壤中可溶性盐含量达到对作物生长有显著危害程度的土类。盐分含量指标因不同盐分组成而异。碱土是指土壤中含有危害植物生长和改变土壤性质的多量交换性钠。

图 2-11 盐渍土

2.分布

盐渍土主要分布在内陆干旱、半干旱地区，滨海地区。中国盐渍土面积约有 20 多万平方公里，约占国土总面积的 2.1%。中国从热带到寒带，从滨海到内陆，从低地到高原，均有盐土分布，如地处内陆的华北、东北和西北，地处滨海的江苏北部、渤海沿岸，以及浙江、福建、广东、海南和台湾等省沿海地带。

3.分类

（1）按分布区域可分为滨海盐渍土、内陆盐渍土、冲积平原盐渍土。

（2）按含盐类的性质可分为氯盐型、硫酸盐型和碳酸盐型：

氯盐型：具有强烈的吸湿性导致土有很大的塑性和压缩性。

硫酸盐型：结晶时体积膨胀，失水干燥时体积缩小，周期性松胀变化使土的结构破坏。

碳酸盐型：具有明显的碱性反应，潮湿时具有很大的亲水性、塑性膨胀性。

4. 工程特性

（1）溶陷性：盐渍土浸水后由于土中易溶盐的溶解，在自重压力作用下产生沉陷现象。

（2）盐胀性：硫酸盐沉淀结晶时体积增大，失水时体积减小，致使土体结构破坏而疏松。碳酸盐渍土中 Na_2CO_3 含量超过 0.5%时，也具有明显的盐胀性。

（3）腐蚀性：硫酸盐渍土具有较强的腐蚀性，氯盐渍土、碳酸盐渍土也有不同程度的腐蚀性。

（4）吸湿性：氯盐渍土含有较多的一价钠离子，由于其水解半径大，水化胀力强，在其周围形成较厚的水化薄膜。

（5）有害毛细作用：盐渍土有害毛细水上升能引起地基土的浸湿软化和造成次生盐渍土，使地基土强度降低，产生盐胀、冻胀等不良作用。

2.2.6　冻土（frozen soil）

1. 定义

土温低于0℃，土中水部分或大部分冻结成冰的土称为冻土（图 2-12）。冻土有季节性冻土和多年冻土两种。

图 2-12　冻土

① 季节性冻土。在一定厚度的地表土层中冬季冻结夏季融化，是冻融交替的土。

② 多年冻土。全年保持冻结而不融化，并且延续时间在3年或3年以上的土。多年冻土的表层往往覆盖着季节性冻土层（或称融冻层），但其融化深度止于多年冻土层的层顶。

2. 分布

季节性冻土分布在中国东北、华北和西北地区，深度均在50cm以上，黑龙江北部及青海地区的冻深较大，最深可达3m。多年冻土在中国有两个主要分布区：一个在纬度较高的内蒙古和黑龙江的大、小兴安岭一带；一个在地势较高的青藏高原和甘肃新疆高山区。

3. 特征

（1）冻胀性：土在冻结时，由于水分结冰膨胀，土的体积随之增大，地基隆起、开裂和变形。

（2）融沉性：冻土在溶化后，体积缩小，地基沉降，强度降低，还伴随下部未冻结土层中的水分向冻结土层迁移，使溶化后土质更差。

2.2.7　填土（filling）

1. 定义

填土（图 2-13）指由于人类工程活动而形成的土。物质成分较杂乱，均匀性差，根据组成物质或堆积方式，又可分为素填土（碎石、砂土、黏性土等）、杂填土（含大量建筑垃圾及工业、生活废料）、冲填土三大类。

图 2-13　人工填土现场

2. 分类

素填土是由碎石、砂或粉土、黏性土等一种或几种材料组成的填土，其中不含杂质或含杂质很少。按主要组成物质分为碎石素填土、砂性素填土、粉性素填土及黏性填土。经分层压实后则称为压实填土。

杂填土是含大量建筑垃圾、工业废料或生活垃圾等杂物的填土。按其组成物质成分和特征分为建筑垃圾土、工业废料土及生活垃圾土。

冲填土为由水力冲填泥浆形成的填土。含水量大，透水性弱，排水固结差，一般呈软塑—流塑状态，比自然沉积的饱和土强度低，压缩性高，常呈流塑状态，扰动易发生触变现象。

3. 工程特性

一般来说，填土具有不均匀性、湿陷性、自重压密性及高压缩性，且强度低。

（1）杂填土的工程性质

杂填土性质不均，厚度和密度变化大；变形大，并具有湿陷性；压缩性大，强度低；

空隙大且渗透性不均匀。

（2）冲填土的工程性质

冲填土具有不均匀性，透水性弱，排水固结差。

2.3 地基处理

地基处理的目的是提高地基的强度、稳定性，减少不均匀沉降等。随着我国地基处理设计水平的提高、施工工艺的不断改进和施工设备的更新，对于各种不良地基，经过地基处理后，一般均能满足建造大型、重型或高层建筑的需求。

本节主要讲述换填地基法、夯实法、砂石桩法、水泥土搅拌桩法、排水固结法、高压喷射注浆法。

2.3.1 换填地基法

换填地基法（图2-14）适用于处理各类浅层软弱地基及不均匀地基。当建筑物（构筑物）基础下的持力层为软弱土层或地面标高低于基底设计标高，且不能满足上部荷载对地基强度和变形的要求时，常采用换填地基法进行处理，即先将基础下一定范围内承载力低的软土层挖去，然后回填强度较大的砂、碎石或灰土等，并夯至密实。

换填地基法

图2-14 换填地基法

实践证明，采用换填地基可以有效地处理某些荷载不大的建筑物地基问题，例如，一般的三四层房屋、路堤、油罐和水闸等的地基。根据回填材料的不同，换填地基可分为砂地基、碎石地基、灰土地基等。

2.3.1.1 砂地基、碎石地基

1.原理与适用范围

砂地基和碎石地基是将基础下一定范围内的土层挖去，然后利用强度较大的砂或碎石等

回填，并经分层夯实至密实，以起到提高地基承载力，减小地基沉降量，加速软弱土层的排水固结，防止季节性地基土的冻胀和消除膨胀地基土的胀缩性等作用，如图 2-15 所示。

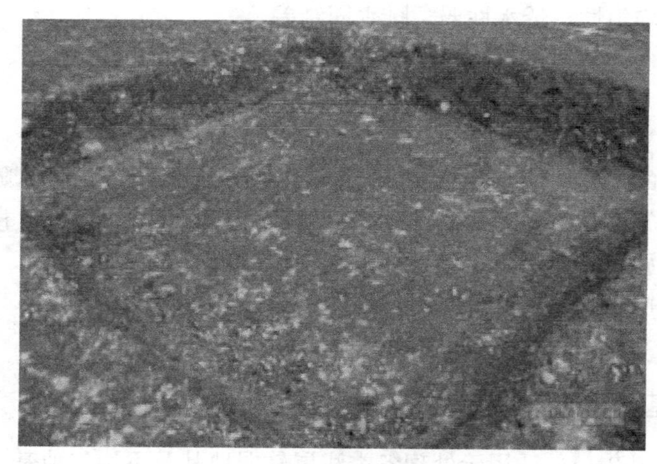

图 2-15　砂和碎石地基

该地基具有施工工艺简单、工期短造价低等优点，适用于处理透水性强的软弱黏性土地基，但不适用于湿陷性黄土地基和不透水的黏性土地基，以免聚水而引起地基下沉和承载力降低。

2. 施工要点

(1) 铺设地基前应验槽，先将基底表面浮土、淤泥等杂物清除干净，边坡必须稳定，防止塌方。基坑（槽）两侧附近如有低于地基的孔洞、沟、井和墓穴等，应在未做换土地基前加以处理。

(2) 砂和砂石地基底面宜铺设在同一标高上，如深度不同时，基底土层应挖成阶梯或斜坡搭接，并按先深后浅的顺序施工，搭接处应夯压密实。分层铺筑时，接槎应做成斜坡或阶梯形搭接，每层错开 0.5～1.0m，并应充分捣实。

(3) 人工级配的砂、石材料，应按级配拌合均匀，再进行铺填捣实。

(4) 换土地基应分层铺设，分层夯（压）实，每层的铺筑厚度不宜超过表 2-2 规定数值，分层厚度可用样桩控制。施工时应对下层的密实度检验合格后，方可进行上层施工。

(5) 在地下水位高于基坑（槽）底面施工时，应采取排水或降低地下水位的措施，使基坑（槽）保持无积水状态。

(6) 冬期施工时，不得采用夹有冰块的砂石作地基，并应采取措施防止砂石内水分冻结。

砂和碎石地基每层铺设厚度及最优含水量　　**表 2-2**

压实方法	每层铺筑厚度(mm)	施工时最优含水量(%)	施工说明	备注
平振法	200～250	15～20	用平板式振捣器往复振捣	不宜使用干细砂或含泥量较大的砂铺筑的砂地基

续表

压实方法	每层铺筑厚度(mm)	施工时最优含水量(%)	施工说明	备注
插振法	振捣器插入深度	饱和	1. 用插入式振捣器； 2. 插入点间距可根据机械振幅大小决定； 3. 不应插至下卧黏土层； 4. 插入振捣完毕后所留的孔洞，应用砂填实	不宜使用细砂或含泥量较大的砂铺筑的砂地基
水撼法	250	饱和	1. 注水高度应超过每次铺筑面层； 2. 用钢叉摇撼捣实，插入点间距 100mm； 3. 钢叉分四齿，齿的间距为 80mm，长 300mm	不宜使用干细砂或含泥量较大的砂铺筑的砂地基
夯实法	150～200	8～12	1. 用木夯或机械夯； 2. 木夯重 40kg，落距 400～500mm； 3. 一夯压半夯，全面夯实	不宜使用细砂或含泥量较大的砂铺筑的砂地基
碾压法	150～350	8～12	2～6t 压路机往复碾压	适用于大面积施工的砂和碎石地基

2.3.1.2　灰土地基

1. 原理与适用范围

灰土地基是将基础底面下一定范围内的软弱土层挖去，将石灰和黏性土按一定体积配合比拌合均匀，在最优含水量情况下分层回填夯实或压实而成，如图 2-16 所示。该地基具有一定的强度、水稳定性和抗渗性，施工工艺简单，取材容易，费用较低。适用于处理 1～4m 厚的软弱土、湿陷性黄土、杂填土等。

图 2-16　灰土地基

2. 施工要点

(1) 施工前应先验槽，清除松土，将积水、淤泥消除干净，待干燥后再铺灰土。如发现局部有软弱土层或孔洞，应及时挖除后用灰土分层回填夯实。

（2）施工时，应将灰土拌合均匀，颜色一致，并适当控制其含水量。如土料水分过多或不足时，应晾干或洒水湿润。灰土拌好后应及时夯实，不得隔日夯打。

（3）铺灰应分段分层夯筑，每层虚铺厚度应按所用夯实机具参照表 2-3 中规定选用。每层灰土的夯打遍数，应根据设计要求的干密度在现场试验确定。

灰土最大虚铺厚度 **表 2-3**

夯实机具种类	重量(t)	厚度(mm)	备注
石夯、木夯	0.04～0.08	200～250	人力送夯，落距 400～500mm，每夯搭接半夯
轻型夯实机械	0.12～0.4	200～250	蛙式打夯机，柴油打夯机双轮
压路机	6～10(机重)	200～300	蛙式打夯机，柴油打夯机双轮

（4）灰土分段施工时，不得在墙角、柱基及承重窗间墙下接缝。上下两层灰土的接缝距离不得小于 500mm，接缝处应夯压密实。

（5）在地下水位以下的基坑（槽）内施工时，应采取排水措施，使其在无水状态下施工。夯实后的灰土 3d 内不得受水浸泡。

（6）冬期施工时，不得采用冻土或夹有冻土的土料，并应采取有效的防冻措施。

2.3.2 夯实法

2.3.2.1 重锤夯实地基

1.原理与适用范围

用起重机械将夯锤提升到一定高度后，自由落锤，利用夯锤自由下落时的冲击能来夯实基土表面，形成一层较为均匀的硬壳层，从而使地基得到加固。

重锤夯实地基施工简便，费用较低；但布点较密，夯击遍数多，施工期相对较长，同时夯击能量小，孔隙水难以消散，加固深度有限，当土的含水量稍高，易夯成橡皮土，处理较困难，适用于处理地下水位以上稍湿的黏性土、砂土、湿陷性黄土、杂填土和分层填土地基。但当夯击振动对邻近的建筑物、设备以及施工中的砌筑工程或浇筑混凝土等产生不利影响时，或地下水位高于有效夯实深度以及在有效深度内存在软黏土层时，不宜采用。

2.施工要点

（1）施工前应在现场进行试夯，选定夯锤重量、底面直径和落距，以便确定最后下沉量及相应的夯击遍数和总下沉量。

（2）重锤夯实填土地基时，应分层进行，每层的虚铺厚度以相当于锤底直径为宜，夯实层数不宜少于两层。夯实完后，应将基坑、槽表面修整至设计标高。

（3）基坑（槽）的夯实范围应大于基础底面，每边应比设计宽度加宽 0.3m 以上，以便于底面边角夯打密实。夯实前坑（槽）底面应高出设计标高，预留土层的厚度可为试夯时的总下沉量再加 50～100mm。基坑（槽）边坡应适当放缓。

（4）夯实时地基土的含水量应控制在最优含水量范围以内。如土的表层含水量过大，可采取铺撒吸水材料（如干土、碎砖、生石灰等）或换土等措施；如土的表层含水量过小，应适当洒水，待水全部渗入土中，一昼夜后方可夯打。

（5）在大面积基坑或条形基槽内夯击时，应按一夯挨一夯顺序进行，如图 2-17 所示。在一次循环中同一夯位应连夯两遍，下一循环的夯位，应与上一循环的夯位错开 1/2 锤底直径，落锤应平稳，夯位应准确。在独立柱基基坑内夯击时，可采用先周边后中间的顺序或采用先外后里的跳打法。基坑（槽）底面标高不同时，应按先深后浅的顺序逐层夯实。

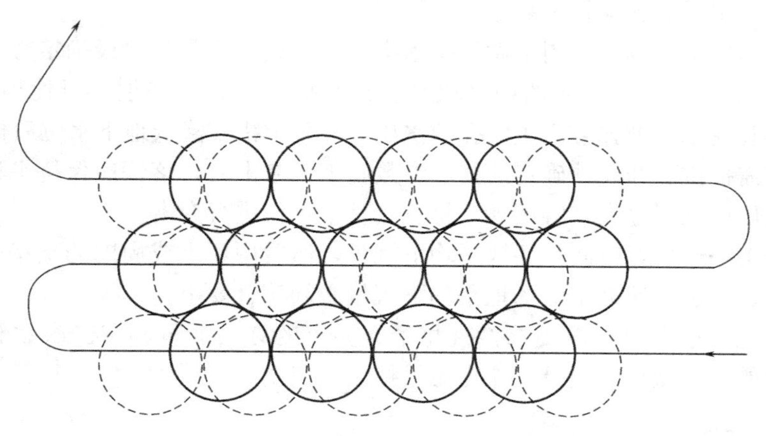

图 2-17　重锤夯实地基夯实顺序

2.3.2.2　强夯地基

1. 原理和适用范围

强夯地基是用起重机械将重锤（一般为 8～30t）吊起，从高处（一般为 6～30m）自由落下，给地基土以强大的冲击能量的夯击，使土中出现冲击波和很大的冲击应力，迫使土体中孔隙压缩，排除孔隙中的气和水，使土粒重新排列，迅速固结，从而提高地基土的强度并降低其压缩性的一种有效的地基加固方法（图 2-18）。

图 2-18　强夯地基

强夯地基施工效果好、速度快、节省材料、施工简便，但施工时噪声和振动大，适用于碎石土、砂土、黏性土、湿陷性黄土及杂填土地基等的加固处理。

2.施工要点

(1) 强夯施工前，应进行地基的地质勘察和试夯。通过对试夯前后试验结果对比分析，确定正式施工时的各项技术参数。

(2) 强夯前应平整场地，周围做好排水沟，按夯点布置测量放线确定夯位。地下水位较高时应在表面铺 0.5～2.0m 的中（粗）砂或砂砾石、碎石垫层，可使地表形成硬层，防止设备下陷和便于消散强夯产生的孔隙水压，或采取措施降低地下水位后再强夯。

(3) 强夯需按试验和设计确定的技术参数施工。夯击时，落锤应保持平稳，夯位应准确。如错位或坑底倾斜过大，宜用砂土将坑底整平，再进行夯击施工。

(4) 每夯击一遍后，应测量场地平均下沉量，然后用新土或周围的土将夯坑填平，再进行下遍夯击。最后一遍夯击的场地平均下沉量必须符合要求。

(5) 强夯施工过程中应按要求检查每个夯实点的夯击能量、夯击次数和每击夯沉量等，并对各项的参数做详细记录，作为质量控制的依据。

2.3.3 砂石桩法

1.原理与适用范围

砂石桩是指用振动、冲击或水冲等方式在软弱地基中成孔后，再将砂或碎石挤压入土孔中，形成大直径的砂或碎石所构成的密实桩体，如图 2-19 所示，它是处理软土地基的一种常用的方法。

图 2-19 砂石桩地基

这种方法经济、简单且有效。对于砂土地基，可通过振动或冲击的挤密作用，使地基密实，从而增加地基承载力，降低孔隙比，减小建筑物沉降量，提高地基抵抗震动液化的能力。用于处理软黏土地基，可起到置换和排水的作用，加速土的固结，桩与桩间的黏性土形成了复合地基，提高了地基的承载力和地基的整体稳定性。这种桩适用于挤密松散砂土、素填土和杂填土等地基。

对于饱和软黏土地基，由于其渗透性较小，抗剪强度较低，要使砂桩本身挤密并使地基土密实往往较困难，因而砂桩在饱和黏性土成桩过程中很难起到挤密加固作用。对这类工程要慎重对待。

2. 施工要点

(1) 施工前必须平整场地和清除一切障碍物；现地面开挖整平至 2.0m 标高，平整场地和清除一切障碍物。

(2) 桩位偏差不大于 50mm；测放桩点，桩机就位，桩位偏差不大于 20mm。

(3) 垂直允许偏差不超过砂石桩长度的 1.5%。

(4) 使用砂料含泥量小于 5%，碎石粒径不得大于 50mm。

(5) 保证砂石桩连续、密实，并且不出现颈缩现象，砂石灌入量不应少于设计值的 95%，如下料不顺利时，可适当往管内加水。

(6) 施工时尽量减少对周围土的扰动，砂石桩施工结束后，停歇一周时间以后加载，减少由于振动对土的渗透性的不利影响。

2.3.4 水泥土搅拌桩法

1. 原理与适用范围

水泥土搅拌桩地基是利用水泥作为固化剂，通过特制的深层搅拌机械，在地基深处将软土和固化剂（浆液或粉体）强制搅拌，利用固化剂和软土之间所产生的一系列物理、化学反应，使软土硬结成具有整体性、水稳性和一定强度的水泥加固体，与天然地基形成复合地基，如图 2-20 所示。本法具有无振动、无噪声、无污染、无侧向挤压，对邻近建筑物影响很小，施工期较短、造价低廉、效益显著等特点，适用于加固较深、较厚的淤泥、淤泥质土、粉土和含水量较高且地基承载力不大于 120kPa 的黏性土地基，对超软土效果更为显著。多用于墙下条形基础、大面积堆料厂房地基，在深基坑开挖时用于防止坑壁及边坡塌滑、坑底隆起等，以及用于地下防渗墙等工程。

图 2-20 水泥土搅拌桩地基

2. 施工要点

(1) 试桩

水泥土搅拌桩施工是用搅拌头将水泥浆和软土强制拌合，搅拌次数越多，拌合越均匀，水土的强度也越高。但是，搅拌次数越多，施工时间越长，工效也越低。试桩的目的是为了寻求最佳的搅拌次数，确定水泥浆的水灰比泵送时间、泵送压力、搅拌机提升速度、下钻速度以及复搅深度等参数，以指导下一步水泥搅拌桩的大规模施工。每个标段的试桩不少于5根，且必须待试桩成功后方可进行水泥搅拌桩的正式施工。试桩检验可采取7d后直接开挖取出，或至少14d后取芯，以检验水泥搅拌桩的搅拌均匀程度和水泥土强度。

（2）施工准备

1）水泥土搅拌桩施工场地应事先平整，清除桩位处地上、地下一切障碍（包括大块石、树根和生活垃圾等）。场地低洼时应回填黏土，不得回填杂土。地表过软时，采取防止桩机失稳的措施。

2）对桩机性能做全面的检查。

3）合理选择后台供浆位置，避免供浆线路过长。

4）测量施工平台的高程，放好桩位。

5）水泥搅拌桩应采用合格的普通硅酸盐袋装水泥，以便于计量。使用前，将水泥的样送中心试验室或监理工程师指定的试验室检验。

6）水泥搅拌桩施工机械应配备电脑记录仪及打印设备，以便了解和控制水泥浆用量及喷浆均匀程度。每天收集记录的数据一次。

（3）施工工艺流程

桩位放样→钻机就位→检验、调整钻机→正循环钻进至设计深度→打开高压注浆泵→反循环提钻并喷水泥浆→至工作基准面以下0.3m→重复搅拌下钻并喷水泥浆至设计深度→反循环提钻至地表→成桩结束→施工下一根桩。

2.3.5　排水固结法（预压法）

1. 原理与适用范围

排水固结法又称预压法，是处理软弱黏性土地基的一种行之有效的方法，如图2-21所示。该方法是在建筑物施工前，在地基表面分级堆土或其他荷重，使地基土压密、沉降、固结，从而提高地基强度和减少建筑物建成后的沉降量。待达到预定标准后再卸载终止预压，之后建造建筑物。适用于处理淤泥、淤泥质土和冲填土等饱和黏性土地基。

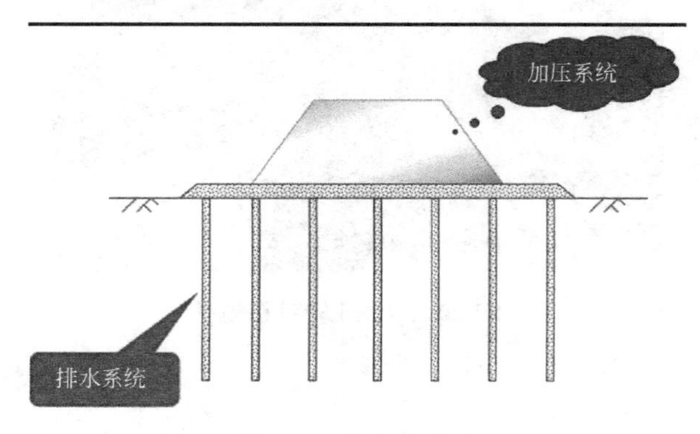

图2-21　排水固结法

2. 施工要点

(1) 竖向排水可选用砂井、袋装砂井及塑料排水带，普通砂井直径可取 300～500mm，袋装砂井直径可取 70～120mm，砂井的灌砂量，应按井孔的体积和砂在中密状态时的干密度计算，其实际灌砂量不得小于计算值的 95%。灌入砂袋中的砂宜用干砂，并应灌制密实。

(2) 排水竖井布置范围一般比基础外轮廓线向外扩大 2～4m 或更大，在竖向排水井顶面铺设厚度 0.5～1m 的中粗砂垫层。中粗砂的黏粒含量不大于 3%，砂料的干密度应大于 1.5g/cm^3，渗透系数宜大于 1×10^{-2}cm/s。在预压区边缘应设置排水沟，在预压区内宜设置与砂垫层相连的排水盲沟。

(3) 对堆载预压工程，预压荷载大小、预压范围、分级情况、加载速率、预压时间应复核设计要求。在加载过程中应进行竖向变形、边桩水平位移及孔隙水压力等项目的监测，且根据监测资料控制加载速率。对竖井地基，最大竖向变形量每天不应超过 15mm；对天然地基，最大竖向变形量每天不应超过 10mm。边桩水平位移每天不应超过 5mm，并且应根据上述观察资料综合分析、判断地基的稳定性。

(4) 对于真空预压法，加固范围应大于建筑物基础轮廓线，每边增量不小于 3m，每块预压面积宜尽可能大且呈方形。真空预压的抽气设备宜采用射流真空泵，空抽时必须达到 95kPa 以上的真空吸力。真空泵的设置应根据预压面积大小和形状、真空泵效率和工程经验确定，每块预压区至少应设置两台真空泵。

2.3.6　高压喷射注浆法

1. 原理与适用范围

高压喷射注浆就是利用钻机钻孔，把带有喷嘴的注浆管插至土层的预定位置后，以高压设备使浆液成为 20MPa 以上的高压射流，从喷嘴中喷射出来冲击破坏土体。部分细小的土料随着浆液冒出水面，其余土粒在喷射流的冲击力、离心力和重力等作用下，与浆液搅拌混合，并按一定的浆土比例有规律地重新排列。浆液凝固后，便在土中形成一个固结体与桩间土一起构成复合地基，从而提高地基承载力，减少地基的变形，达到地基加固的目的。高压喷射注浆法分旋喷、定喷和摆喷三种类型（图 2-22）。

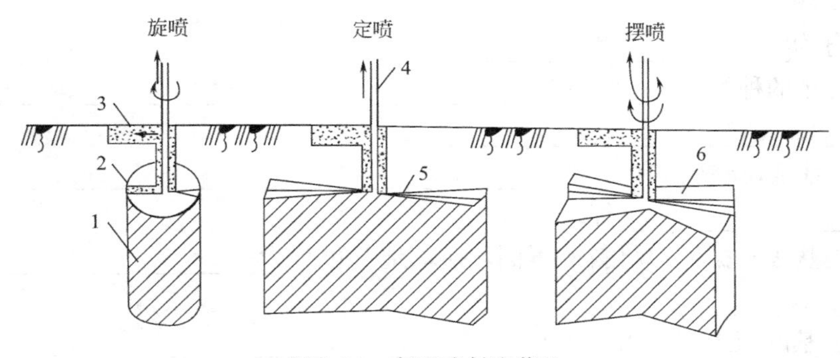

图 2-22　高压喷射注浆法

1—桩；2—射流；3—冒浆；4—喷射注浆；5—板；6—墙

该方法主要适用处理淤泥、淤泥质土、流塑、软塑或可塑的黏性土、粉土以及砂土、黄土、素填土和碎石-土等地基。

2.施工要点

(1) 高压喷射注浆的施工参数应根据土质条件、加固要求，通过试验或根据工程经验确定，并在施工中严格加以控制。单管法及双管法的高压水泥浆和三管法高压水的压力应大于 20MPa。

(2) 高压喷射注浆的主要材料为水泥，对于无特殊要求的工程，宜采用强度等级为 42.5 级及以上的普通硅酸盐水泥。根据需要可加入适量的外加剂及掺和料，外加剂及掺和料的用量应通过试验确定。

(3) 水泥浆液的水灰比应按工程要求确定，可取 0.8～1.5，常用 1.0。

(4) 高压喷射注浆的施工工序为机具就位、贯入喷射管、喷射注浆、拔管和冲洗等。

(5) 喷射孔与高压注浆泵的距离不宜大于 50m。钻孔的位置与设计位置的偏差不得大于 50mm。实际孔位、孔深和每个钻孔内的地下障碍物、洞穴、涌水、漏水及与岩土工程勘察报告不符等情况均应详细记录。

(6) 当喷射注浆管贯入土中，喷嘴达到设计标高时，即可喷射注浆。在喷射注浆参数达到规定值后，随即分别按旋喷、定喷或摆喷的工艺要求，提升喷射管，由下而上喷射注浆。喷射管分段提升的搭接长度不得小于 100mm。

【单元总结】

(1) 通常把直接承受建筑物荷载作用且应力发生变化的土层称为地基。地基分为天然地基和人工地基。

(2) 人们把具有特殊工程性质的土类叫作特殊土，如黄土的湿陷性、膨胀土的胀缩性、软土的高压缩性、冻土的冻胀变形、盐渍土的融陷和腐蚀性等。

(3) 各种不良地基，经过地基处理后，一般均能满足建造大型、重型或高层建筑的需求。常用的地基处理方法有换填地基法、夯实法、砂石桩法、水泥土搅拌桩法、排水固结法和高压喷射注浆法等。

【思考及练习】

一、填空题

1.地基分为__________和__________。

2.特殊性土的种类有__________、__________、__________、__________、__________、__________、__________。

3.常用的地基处理方法有__________、__________、__________、__________、__________、__________等。

4.换填地基法根据回填材料的不同，换填地基可分为__________、__________、__________。

5.灰土地基的灰土配合比一般为__________和__________。

二、简答题

1.地基处理的目的是什么?

2.简述橡皮土的处理方法。

教学单元3　土方工程

【教学目标】

1. 知识目标

能说出场地平整的程序；

能够对基坑（槽）、场地平整土方量进行计算；

能简述基坑（槽）土方开挖方法，浅基坑和深基坑土方开挖注意事项；

能进行回填土料的选择；

能简述填土压实的方法、填土压实的因素及填土压实的质量标准。

2. 能力目标

具备正确选择场地平整土方机械的能力；

具备正确选择基坑（槽）土方开挖机械的能力；

具备一定的编写土方工程施工方案的能力。

【思维导图】

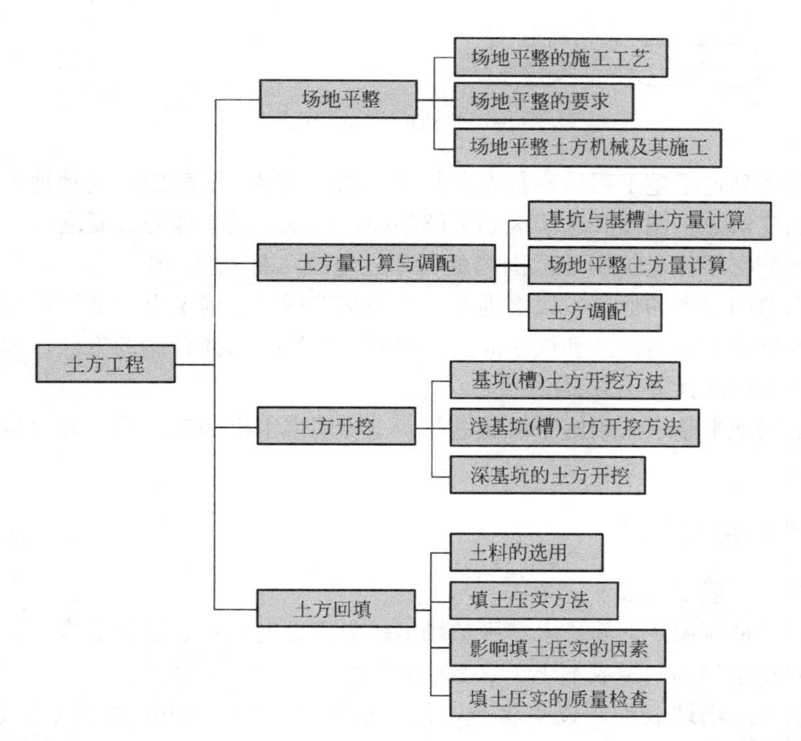

建筑工程施工都是从土方工程开始的，土方工程是建筑工程施工的主要分部工程之

一。在建筑工程施工中最常见的土方工程有：场地平整、基坑（槽）开挖、土壁支撑、施工降水及排水、土方回填等。

土方工程量大、施工条件复杂、劳动繁重，施工中受气候、水文、地质、地下障碍物影响，不可确定的因素也很多。因此施工前应分析核对技术资料，进行现场调查并根据现有的施工条件，制定出技术经济合理的施工设计方案。

3.1 场地平整

场地平整是将建筑工程现场的自然地面，通过人工或机械挖填平整改造成为设计所需要的平面，以利于现场平面布置和文明施工。在工程总承包施工中，三通一平工作常常是由施工单位来实施的，因此场地平整也成为工程开工前的一项重要内容。

3.1.1 场地平整的施工工艺

场地平整的程序如图 3-1 所示。

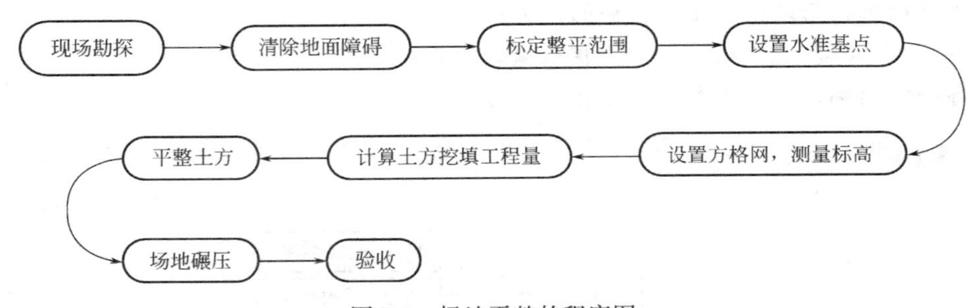

图 3-1 场地平整的程序图

施工人员在确定平整工程后，首先需要进行现场勘察，了解施工场地地形、地貌及周围环境。根据建筑总平面图和总体规划了解并确定现场平整场地的大概范围。

平整场地前必须将建筑场地范围内的树木、电线（杆）、管道、房屋等障碍物清理干净，然后根据总图要求的标高，以水准基点作为基准标高来确定土方量计算的基点。

土方量的计算有方格网法和横断面法，根据地形情况选择合适的方法，本教学单元主要介绍运用方格网法计算土方量。

大面积的场地平整宜采用施工机械进行，主要用推土机和铲运机，有时也可以使用挖掘机及装载机。

3.1.2 场地平整的要求

场地平整的一般要求如下：

（1）平整场地应做好地面排水。平整场地的表面坡度应符合设计要求，若设计无要求时，一般应向排水沟方向做成不小于 0.2%的坡度。

（2）平整后的场地表面应逐点检查，检查点为每 100～400m^2 取 1 点，但不少于 10 点；长度、宽度和边坡均为每 20m 取 1 点，每边不少于 1 点，其质量检验标准应符合质量检验标准要求。

（3）场地平整应经常测量和校核其平面位置、水平标高和边坡坡度是否符合设计要求。平面控制桩和水准控制点应采取可靠措施加以保护，定期复测和检查；土方不应堆在边坡边缘。

3.1.3　场地平整土方机械及其施工

场地平整土方施工机械主要用推土机和铲运机，有时也可以使用挖掘机及装载机。常用的土方机械及其施工表见表 3-1。

场地平整土方机械及其施工表　　**表 3-1**

机械类型	图片	适用范围	作业方法	提高生产效率方法
推土机	轮胎式 履带式	配合挖土机平整、集中土方、清理场地；配合铲运机助铲及清理障碍物等	基本作业：铲土、运土和卸土。铲土时根据土质情况，尽量采用最大切土深度在最短距离（6～10m）内完成。上下坡坡度不得超过 35°，横坡不得超过 10°。几台推土机同时作业时，前后距离应大于 8m	1. 下坡推土法； 2. 槽型推土法； 3. 并列推土法； 4. 分堆集中； 5. 铲刀附加侧板法
铲运机		适用于大面积场地平整、压实，运距 800m 内的挖运土方，但不适用于砾石层、冻土地带和沼泽地区	基本作业：铲土、运土、卸土三个工作行程和一个空载回驶行程。 开行路线有： 1. 椭圆形开行路线； 2. “8”字形开行路线； 3. 大环形开行路线； 4. 连续性开行路线； 5. 锯齿形开行路线； 6. 螺旋形开行路线	1. 下坡铲土法； 2. 跨铲法； 3. 交错铲土法； 4. 助铲法； 5. 双联铲运法
挖掘机　正铲挖掘机		大型场地整平土方	挖土特点：“前进向上，强制切土”。若工作面较大，深度不大的边坡，可以采用正向开挖，侧向装土法	1. 分成开挖法； 2. 多层开挖法； 3. 中心开挖法； 4. 上下轮换开挖法； 5. 顺铲开挖法； 6. 间隔开挖法
挖掘机　反铲挖掘机		适用于开挖含水量大的砂土或黏土，可以用于边坡的开挖	挖土特点：“后退向下，强制切土”	1. 沟端开挖法； 2. 沟侧开挖法； 3. 沟角开挖法； 4. 多层接力开挖法

续表

机械类型	图片	适用范围	作业方法	提高生产效率方法
装载机		适用于装卸土方和散料，也可用于较软土体的表层剥离、场面平整、场地清理和土方运送等工作	基本作业：铲装、转运、卸料、返回四个过程，与推土机类似	1. 分成铲装法； 2. 分段铲装法； 3. 配合铲装法； 4. 并列装车法

3.2 土方量计算与调配

在场地平整、基坑与基槽开挖等土方工程施工前，通常要计算土方量。由于土方外形往往是复杂和不规则的，很难得到精确的计算结果。因此，一般情况下，可以将工程区域按方格网划分为一定的几何形状，采用具有一定精度且与实际情况近似的方法进行土方量计算。

3.2.1 基坑与基槽土方量计算

1. 基坑土方量

基坑、基槽土方量的计算

基坑是指长宽比不大于 3 且底面积不大于 150m^2 的矩形。基坑的土方量按照立体几何中棱柱体的体积公式计算，如图 3-2 所示。即：

$$V=\frac{H}{6}\ (A_1+4A_0+A_2)$$

式中：H——基坑深度（m）；

A_1、A_2——基坑上、下底的面积（m^2）；

A_0——基坑中截面的面积（m^2）。

2. 基槽土方量

基槽是指底宽不大于 3m 且底长大于 3 倍底宽的矩形。基槽土方量是沿长度方向分段，按照类似基坑土方量的方法计算，如图 3-3 所示。即：

$$V_1=\frac{L_1}{6}(A_1+4A_0+A_2)$$

式中：V_1——第一段的土方量（m^3）；

L_1——第一段的长度（m）。

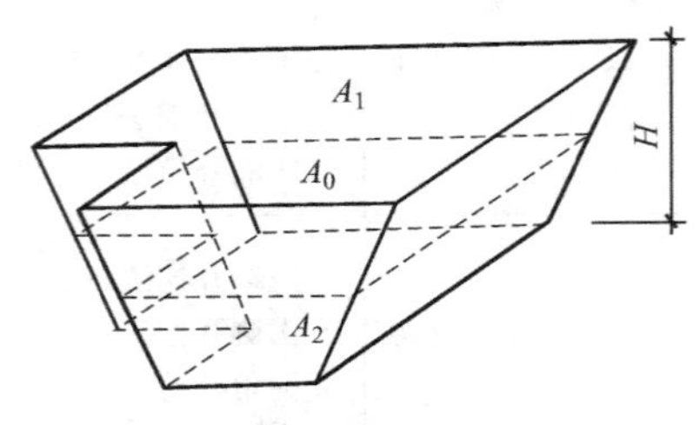

图 3-2 基坑土方量计算

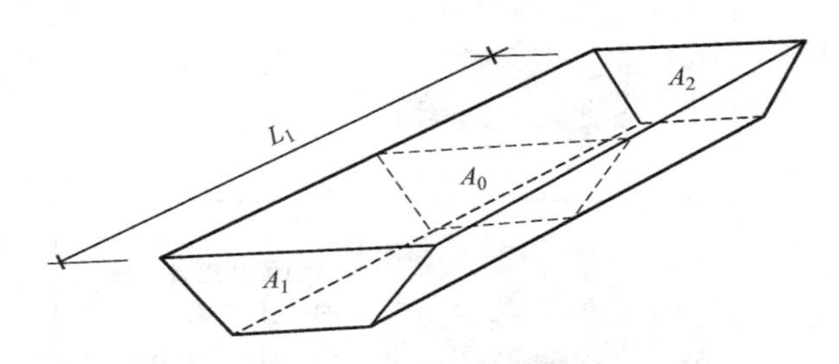

图 3-3 基槽土方量计算

将各段累加，即得到总土方量为：

$$V= V_1+V_2+\cdots+V_n$$

3.2.2　场地平整土方量计算

平整场地是指室外设计地坪与自然地坪平均厚度在±0.3m以内的就地挖、填、找平，大型工程项目需要将天然地面平整成施工要求的设计平面。场地平整土方量的计算方法有方格网法和断面法两种。断面法计算精度较低，一般用于地形起伏变化较大，断面不规则的场地。方格网法适用于较平坦地区，本节重点介绍方格网法。

平整场地的方格网计算

方格网法计算场地平整土方量的步骤如图 3-4 所示。

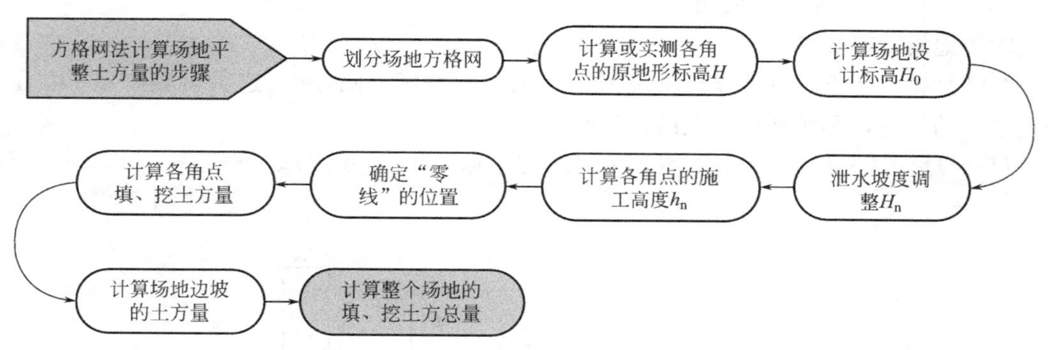

图 3-4　方格网计算场地平整土方量步骤图

注：其中场地设计标高按挖填平衡原则确定。

1. 划分场地方格网

方格网图一般由设计单位提供，将场地划分为边长为 a 的若干方格（图 3-5a），一般 a=10m、20m、30m、40m 等，通常采用 20m。原地形标高可利用等高线用插入法求得或实地测量得到。

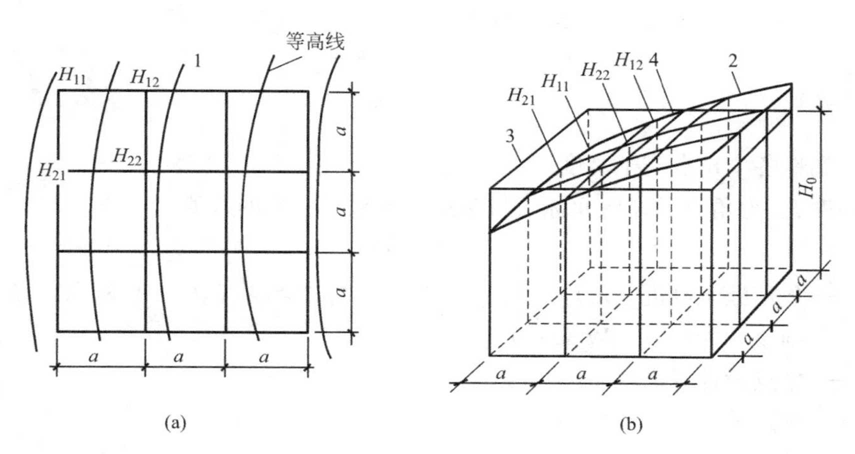

图 3-5　场地设计标高计算示意图

（a）方格网划分；（b）设计标高示意图

1—等高线；2—自然地面；3—设计平面；4—零线

2.确定场地设计标高

确定场地设计标高的方法，有“挖填土方量平衡法”和“最佳设计平面法”，场地比较平缓，对场地设计标高无特殊要求，可按照“挖填土方量相等”的原则确定场地设计标高。按照挖填平衡相等的原则（图3-5b），场地设计标高 H_0 可按下式计算：

$$H_0=\frac{1}{4n}(\Sigma H_1+2\Sigma H_2+3\Sigma H_3+4\Sigma H_4)$$

式中：n——方格网数；

H_1——一个方格仅有的角点标高；

H_2——两个方格共有的角点标高；

H_3——三个方格共有的角点标高；

H_4——四个方格共有的角点标高。

3.场地设计标高调整

为满足排水要求，场地设计标高需要根据泄水坡度（图3-6）进行调整，以 H_0 作为场地中心的标高，则场地任意点的设计高度为：

$H_n=H_0\pm l_x i_x\pm l_y i_y$（注：角点在 H_0 之上取“+”，反之取“−”）

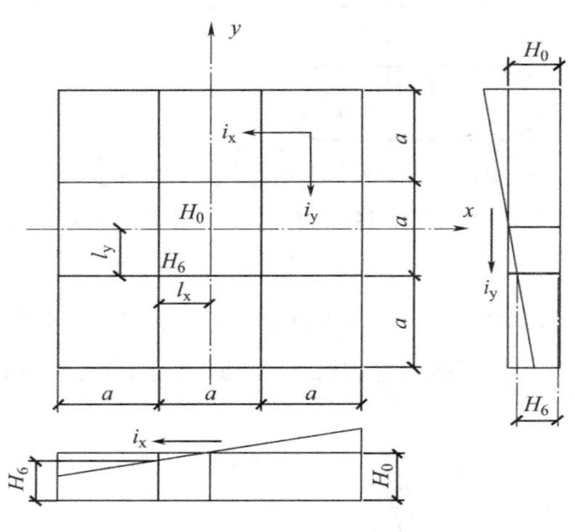

图3-6　场地泄水坡度

4.计算场地各个角点施工高度

施工高度 h_n 为角点设计地面标高与该角点原地形标高的差值：

$$h_n=H_n-H$$

式中：h_n——角点施工高度（m），若 h_n 为正值，则该点为填方（T表示）；h_n 为负值，则该点为挖方（W表示）；

H_n——角点设计标高（m）；

H——角点的自然地面标高（m）。

5.“零线”确定

零线即填方区与挖方区的交线，在该交线上，施工高度为零。确定零线的方法有：插入法和图解法。

（1）插入法确定零线

在相邻角点施工高度为一填一挖（即边线一端＋，另一端－），必然存在一个不填不挖的点，即为零点，用插入法求出边线上零点位置（图 3-7），再将各相邻的零点连接起来即得零线。零点位置按下式计算：

$$x_1=\frac{ah_1}{h_1+h_2};\ x_2=\frac{ah_2}{h_1+h_2}$$

式中：x_1，x_2——角点至零点的距离（m）；

h_1，h_2——相邻两角点的施工高度（m），均用绝对值；

a——方格网的边长（m）。

（2）图解法确定零线

用尺在各角点上标出填挖施工高度相应比例，用尺相连，与方格相交点即为零点位置（图 3-7）。将相邻的零点连接起来，即为零线。它是确定方格中填方与挖方的分界线。

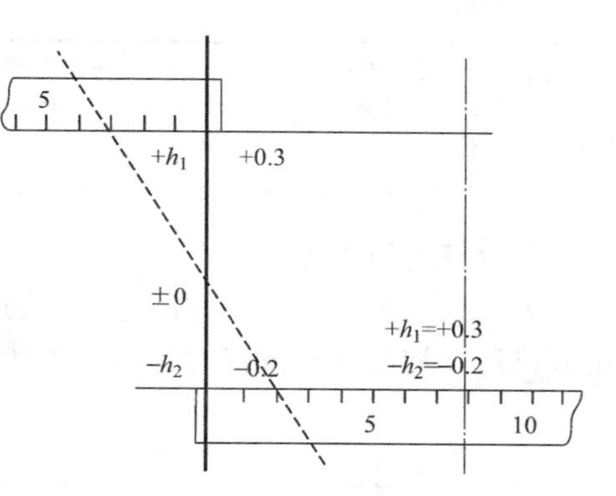

图 3-7　零点位置图解法

6. 计算场地填挖土方量

零线确定后，运用方格网底面积图形和表 3-2 中公式计算土方量。

常用方格网计算公式　　表 3-2

项目	图式	计算公式
一点填方或挖方（三角形）		$V=\frac{1}{2}bc\frac{\sum h}{3}=\frac{bch_3}{6}$ 当 $b=a=c$ 时，$V=\frac{a^2h_3}{6}$
两点填方或挖方（梯形）		$V_+=\frac{b+c}{2}a\frac{\sum h}{4}=\frac{a}{8}(b+c)(h_1+h_3)$ $V_-=\frac{d+e}{2}a\frac{\sum h}{4}=\frac{a}{8}(d+e)(h_2+h_4)$
三点填方或挖方（五角形）		$V=\left(a^2-\frac{bc}{2}\right)\frac{\sum h}{5}$ $=\left(a^2-\frac{bc}{2}\right)\frac{h_1+h_2+h_4}{5}$

续表

项目	图式	计算公式
四点填方或挖方(正方形)		$V=\frac{a^2}{4}\sum h=\frac{a^2}{4}(h_1+h_2+h_3+h_4)$

注：1. a—方格网的边长（m）；b，c—零点到一角的边长（m）；h_1，h_2，h_3，h_4—方格网四角点的施工高度（m），用绝对值代入；$\sum h$—填方或挖方施工高度的总和（m），用绝对值代入；V—填方或挖方体积（m^3）。

2. 本表公式是按照各计算图形底面积乘以平均施工高度而得出的。

7. 计算边坡土方量

为保证挖方土壁和填方区稳定，场地的挖方区和填方区的边沿都要做成边坡。边坡的土方量可以划分两种近似的几何形体计算：三角棱锥体和三角棱柱体。

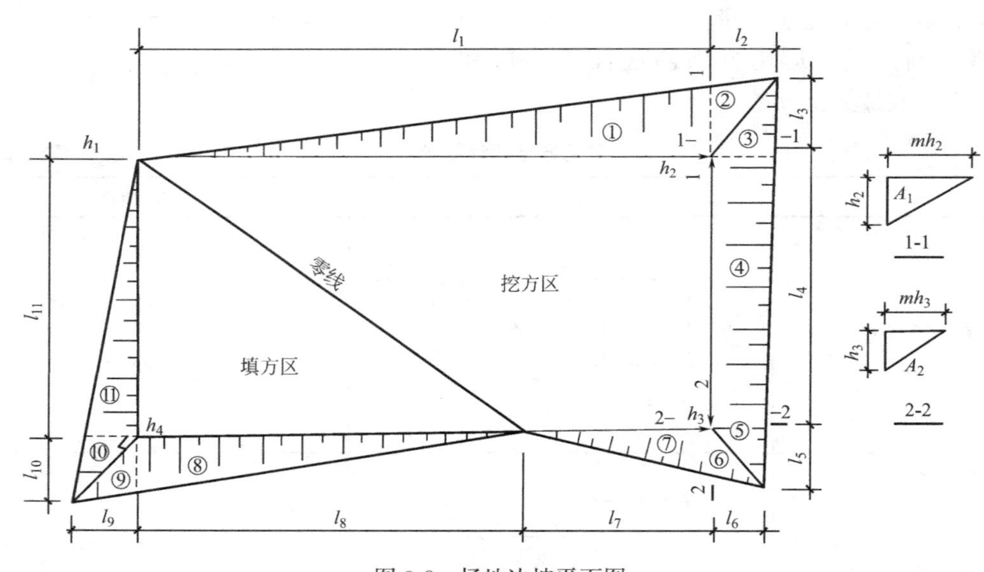

图 3-8　场地边坡平面图

（1）三角棱锥体边坡体积，如图 3-8 中①所示，计算公式如下：

$$V_1=\frac{1}{3}A_1l_1$$

式中：l_1——①三角棱锥体边坡的长度（m）；

A_1——①三角棱锥体边坡的断面积（m^2）。

（2）三角棱柱体边坡体积，如图 3-8 中④所示，计算公式如下：

$$V_4=\frac{A_1+A_2}{2}l_4$$

若两端面积相差很大时，边坡体积按下式计算：

$$V_4=\frac{l_4}{6}(A_1+4A_0+A_2)$$

式中：　　l_4——④三角棱柱体边坡的长度（m）；

A_1，A_4，A_0——④三角棱柱体边坡两端及中部的断面积（m^2）。

将填方区（或挖方区）所有方格计算的土方量和边坡土方量汇总，即得到该场地的填方（或挖方）的总土方量。

【例3-1】 某建筑场地方格网如图3-9所示，方格边长为20m×20m，填方区与挖方区边坡系数均为1.0，泄水坡度均为0.3%，试用挖、填平衡法确定挖填土方量。

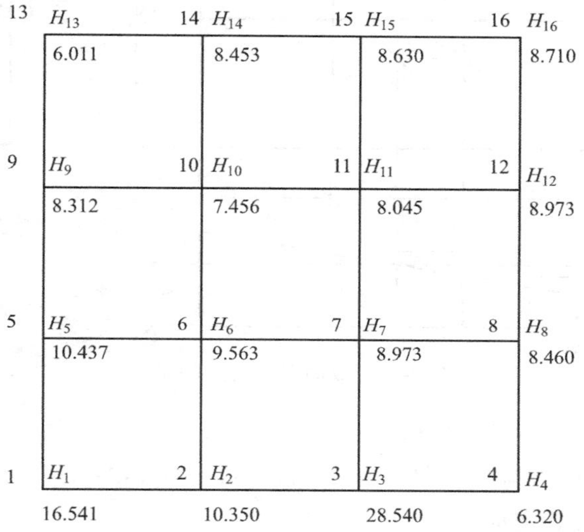

13 H_{13} 6.011	14 H_{14} 8.453	15 H_{15} 8.630	16 H_{16} 8.710
9 H_9 8.312	10 H_{10} 7.456	11 H_{11} 8.045	12 H_{12} 8.973
5 H_5 10.437	6 H_6 9.563	7 H_7 8.973	8 H_8 8.460
1 H_1 16.541	2 H_2 10.350	3 H_3 28.540	4 H_4 6.320

图3-9　施工场地方格网布置图

解：1.通过给定的方格网中原地形标高，计算各角点的场地设计标高

$H_0=\frac{1}{4n}(\Sigma H_1+2\Sigma H_2+3\Sigma H_3+4\Sigma H_4)=[(16.541+6.320+6.011+8.710)+2\times(10.437+8.312+10.350+28.540+8.460+8.973+8.453+8.630)+3\times0+4\times(9.563+8.973+7.456+8.045)]/(4\times9)=9.946$（m）

2.泄水坡度调整后的 H_n

$H_n=H_0\pm l_x i_x\pm l_y i_y$（注：角点在 H_0 之上取“+”，反之取“−”）

以角点6为例计算泄水坡度调整后的场地设计标高 H_6（图3-10），其他角点方法类似。角点6的 x 及 y 均在 H_0 之下，取−。

$$H_6=H_0\pm l_x i_x\pm l_y i_y=9.946-10\times0.3\%-10\times0.3\%=9.886\text{（m）}$$

计算结果列于图3-12中。

3.计算施工高度

$$h_n=H_n-H$$

以计算角点6的施工高度 h_6 为例，其他角点施工高度计算方法类似。

$$h_6=H_6-H=9.886-9.563=+0.323\text{（m）}$$

计算结果列于图3-11中。

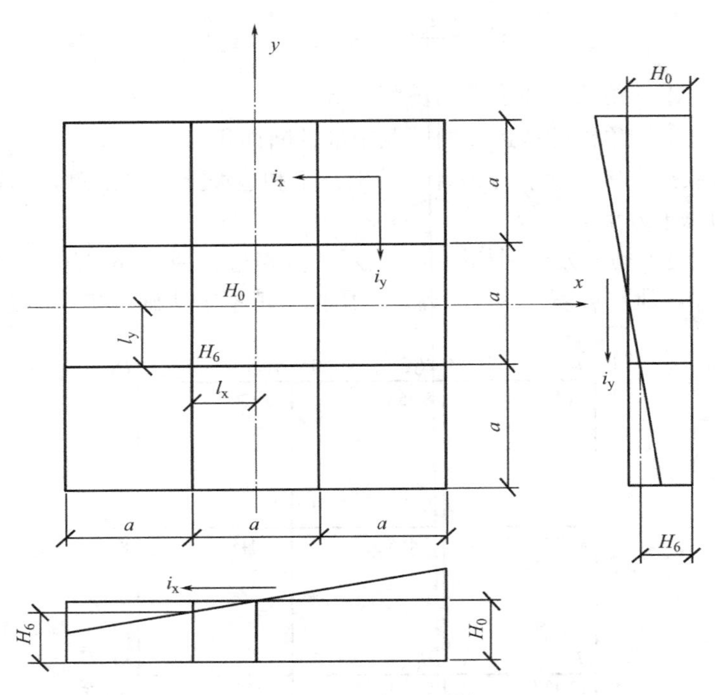

图 3-10　双向泄水坡度的场地

4. 用插入法计算零点，确定零线

存在零点的边线（从左往右罗列）有 5-9，5-6，2-6，3-7，3-4。以边线 5-6 为例计算零点，其他边线计算方法类似。

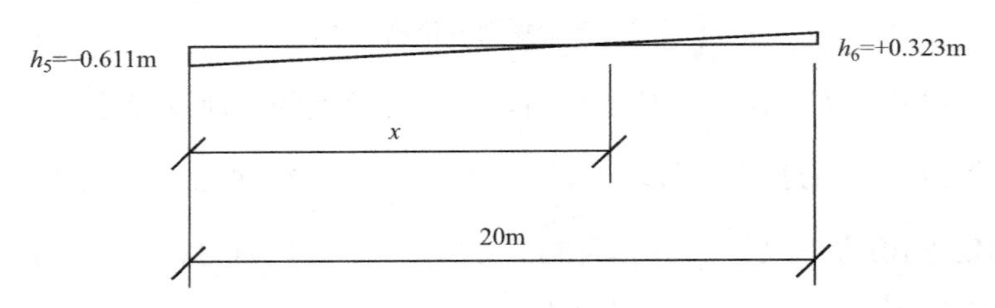

图 3-11　零点位置计算示意图

$$x=\frac{ah_5}{h_5+h_6}=\frac{20\times0.611}{0.611+0.323}=13.08\ (\text{m})$$（场地标高计算时取其绝对值）

将所有零点计算完后，将相邻的零点连接起来即为零线。零线绘制于图 3-12 中。

5. 计算各角点填、挖土方量（四方棱柱体的体积计算方法）

（1）6，7，10，11 所围方格，7，8，11，12 所围方格，9，10，13，14 所围方格，10，11，14，15 所围方格，11，12，15，16 所围方格为全填。以 6，7，10，11 所围方格计算全填土方量为例，其他全填方格计算方法类似。

6，7，10，11 所围方格全填土方量：

$$V_{填}=\frac{20^2}{4}\ (0.323+1.009+2.490+1.961)\ =578.30\ (\text{m}^3)$$

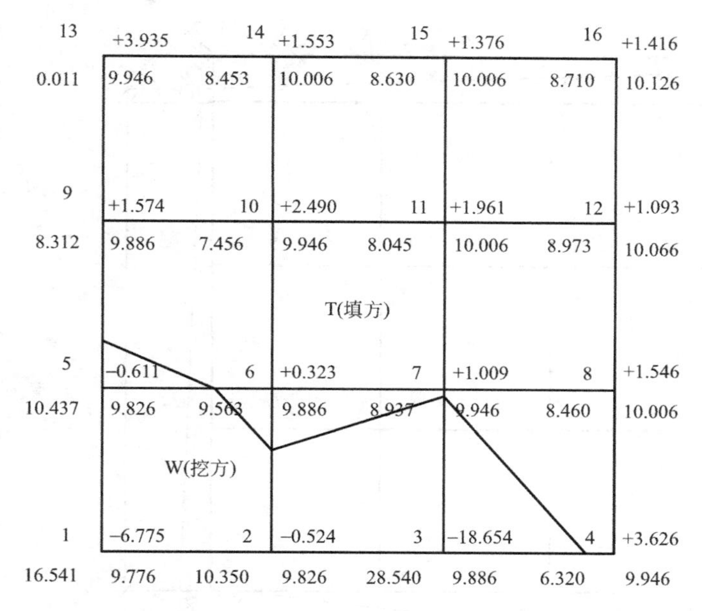

角点编号	施工高度
原地形标高	调整后的场地设计标高

图3-12　方格网法计算土方工程量图

计算结果列于表3-3中。

（2）1，2，5，6所围方格，2，3，6，7所围方格，3，4，7，8所围方格，5，6，9，10所围方格为部分填方，部分挖方。以1，2，5，6所围方格计算填、挖土方量为例，其他方格计算方法类似。

1，2，5，6所围方格填方量：$V_{填}=\frac{a^2}{4}\frac{(\sum H_{填})^2}{\sum H}=\frac{20^2}{4}\times\frac{0.323^2}{6.775+0.524+0.611+0.323}$
$=1.27\ (\mathrm{m}^3)$

1，2，5，6所围方格挖方量：$V_{挖}=\frac{a^2}{4}\frac{(\sum H_{挖})^2}{\sum H}=\frac{20^2}{4}\times\frac{(6.775+0.524+0.611)^2}{6.775+0.524+0.611+0.323}$
$=759.97\ (\mathrm{m}^3)$

计算结果列于表3-3中。

6. 计算场地边坡的土方量

（1）三角棱锥体土方量计算，以①边坡填方量计算为例（图3-13），其他三角棱锥体填（挖）土方量计算类似。

$$V_{①}=\frac{1}{3}A_1l_1=\frac{1}{3}\times\frac{1}{2}\times3.935\times3.935\times34.41=88.80\ (\mathrm{m}^3)$$

（2）三角棱柱体土方量计算，以④边坡填方量计算为例，其他三角棱柱体填（挖）土方量计算类似。

$$V_{④}=\frac{A_1+A_2}{2}l_4=\frac{1}{2}\times\left(\frac{1}{2}\times3.935\times3.935+\frac{1}{2}\times1.416\times1.416\right)\times60=262.34\ (\mathrm{m}^3)$$

计算结果列于表3-3中。

7. 计算整个场地的填、挖土方总量

$$\sum V_{填}=方格网填方总量+边坡填方总量=4952.34\ (\mathrm{m}^3)$$

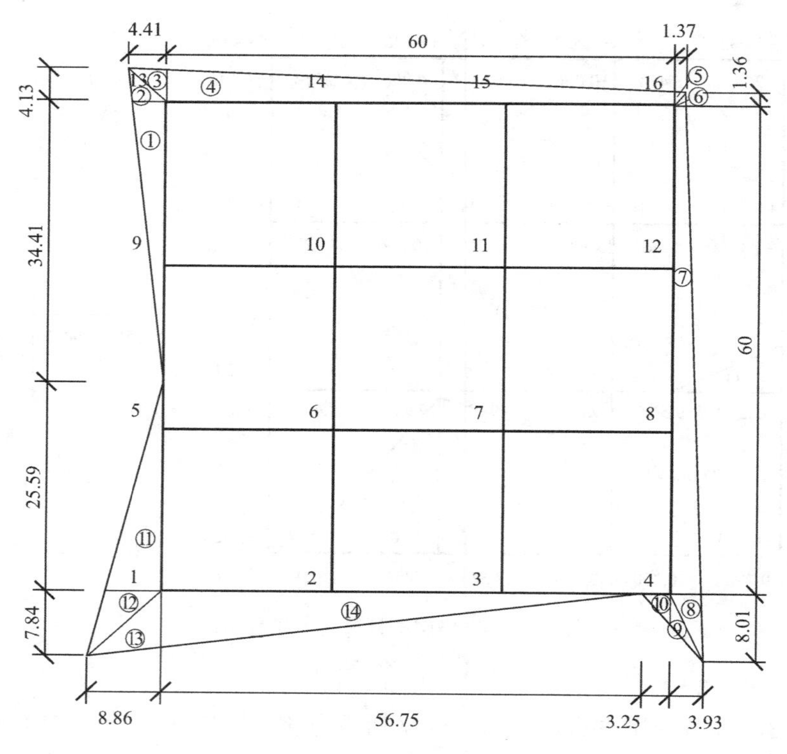

图 3-13　场地边坡示意

$\sum V_{挖}$ = 方格网挖方总量 + 边坡挖方总量 = 4702.70（m^3）

计算结果列于表 3-3 中。

土方工程量计算统计表　　　　**表 3-3**

位置		土方工程量(m^3)	
	所围方格	$V_{填}$	$V_{挖}$
方格区域	1,2,5,6	1.27	759.97
	2,3,6,7	0.51	1776.46
	3,4,7,8	153.83	1401.13
	5,6,9,10	385.07	7.47
	6,7,10,11	578.30	
	7,8,11,12	560.90	
	9,10,13,14	955.20	
	10,11,14,15	738.00	
	11,12,15,16	584.60	
	小计	3957.68	3945.03

续表

位置		土方工程量(m^3)	
	序号	$V_{填}$	$V_{挖}$
边坡区域	①	88.80	
	②	10.66	
	③	11.38	
	④	262.34	
	⑤	0.46	
	⑥	0.45	
	⑦	227.29	
	⑧	17.55	
	⑨	8.61	
	⑩	7.12	
	⑪		195.77
	⑫		59.98
	⑬		67.78
	⑭		434.14
	小计	634.66	757.67
总量		4592.34	4702.70

3.2.3　土方调配

土方调配是场地平整中的重要环节，合理的调配方案可以缩短工期，降低成本。

土方调配应遵循以下原则：

（1）力求达到挖方与填方平衡和运距最短的原则；

（2）应考虑近期施工与远期施工相结合的原则；

（3）应采取分区与总平场区域相结合的原则；

（4）应依托先期建设的道路，由近及远，逐次推进；

（5）应考虑桥涵位置对施工运输的影响，一般大沟不跨越调运，同时注意施工的可能与方便，尽量避免和减少上坡运土；

（6）合理布置填、挖方分区线，选择恰当的调配方向、运输线路，充分发挥土方机械和运输车辆的性能。

土方调配的步骤：划分土方调配区（绘出零线）→计算调配区之间的平均运距（即挖方区至填方区土方重心的距离）→确定初始调配方案→优化方案判别→绘制土方调配图表（图 3-14）。

土方调配

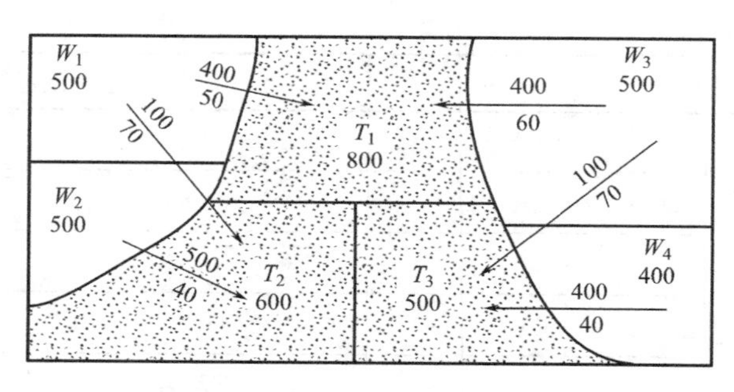

图 3-14 土方调配图

知识链接

场地土方调配首先要进行调配区划分，划分调配区应当注意以下要点：

1. 调配区的划分应与建筑物的位置相协调，满足工程施工顺序的要求。

2. 调配区的划分大小应满足土方施工主要机械的技术要求，能充分发挥土方机械和运输车辆的功效。

3. 当土方运距较大或者场地内土方不平衡时，应根据场地附近地形，考虑就近借土或弃土处理。这时每个借土区（弃土区）均可作为独立的调配区。

4. 调配区的范围应与土方的工程量计算用的方格网相协调，通常可以由若干个方格组成一个调配区。

3.3 土方开挖

3.3.1 基坑（槽）土方开挖方法

基坑（槽）土方开挖常根据工程中具体条件选用以下的方法：直接分层开挖、有内支撑分层开挖、盆式开挖、岛式开挖及逆作法开挖等（表 3-4）。

基坑（槽）土方开挖方法　　表 3-4

开挖方法		图片	适用范围	特点
直接分层开挖	放坡开挖		四周空旷、有足够的放坡场地，周围没有建筑设施或地下管线的情况	施工方便，机械作业没有障碍，工效高； 基坑(槽)开挖后主体结构施工作业空间大，可以缩短施工工期

续表

开挖方法		图片	适用范围	特点
直接分层开挖	无支撑开挖		基坑边较狭小、土质较差的条件	分为悬臂式、拉锚式、重力式、土钉式等。无内支撑的土壁可垂直向下开挖，因此不需在基坑（槽）边留出很大的场地，回填土方工作量小
有内支撑分层开挖			基坑较深、土质较差的情况	有内支撑支护的基坑（槽）开挖难度较大，其土方开挖要考虑与支撑施工相协调
盆式开挖		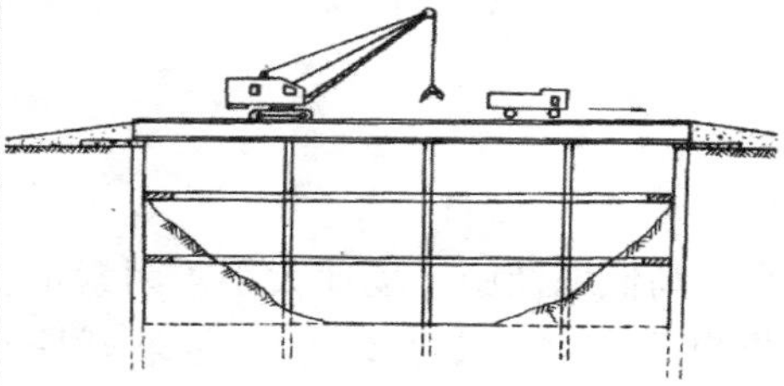	基坑面积大、支撑或拉锚作业困难且无法放坡的基坑	盆式开挖方法支撑用量小、费用低、盆式部位土方开挖方便；但这种施工方法产生的后浇带或施工缝，对结构整体性及防水性有一定的影响
岛式开挖		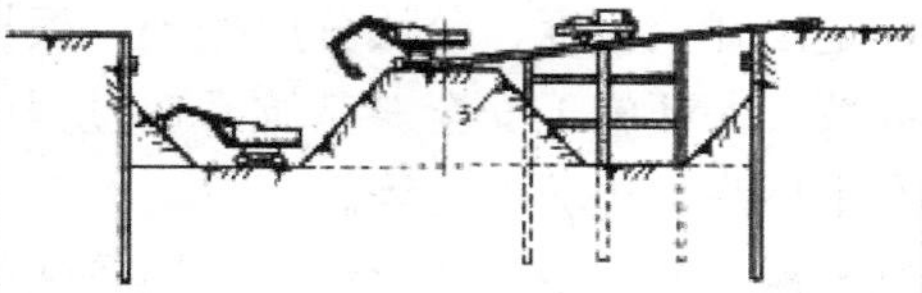	基坑面积较大，地下室底板设计有后浇带或可留设施工缝	与盆式开挖类似，但先开挖边缘部分的土体，基坑中央的土体暂时留置，该处土方具有反压作用，有效防止坑底土体的隆起，有利于支护结构的稳定

续表

开挖方法	图片	适用范围	特点
逆作法开挖	一层地板 主体施工接头处 地下连续墙 临时支柱 灌注桩	高层建筑、多层地下室结构施工及类似于地下室的地下构筑物的结构施工	逆作法是以结构代替支撑，支撑刚度大，利于控制变形，避免浪费资源，提高经济效益，并且地上部分和地下部分可同时施工，增大作业面，缩短工期，使超大面积、超深基坑工程的设计施工方法更安全、可靠、经济、合理

知识链接　土方开挖安全管理办法

基坑支护与土方开挖施工必须按《危险性较大的分部分项工程安全管理规定》（建质[2018] 37号文）的规定执行。

危险性较大的分部分项工程范围：

（1）开挖深度超过3m（含3m）的基坑（槽）的土方开挖、支护、降水工程。

（2）开挖深度虽未超过3m，但地质条件、周围环境和地下管线复杂，或影响毗邻建、构筑物安全的基坑（槽）的土方开挖、支护、降水工程。

超过一定规模的危险性较大的分部分项工程范围：

开挖深度超过5m（含5m）的基坑（槽）的土方开挖、支护、降水工程。

土方开挖的顺序、方法必须与设计要求一致，并遵循"开槽支撑，先撑后挖，分层开挖，严禁超挖"的原则。基坑边界周围地面需要设置排水沟，对坡脚、坡面、坡顶采取降排水措施。

3.3.2　浅基坑（槽）土方开挖方法

1. 浅基坑开挖的方法

土的性质、基坑暴露时间长短、地下水位高低以及施工场地大小等因素都会影响浅基坑挖土的方法，浅基坑挖土方法主要有直立臂开挖（无支护结构）、放坡开挖（无支护结构）和有支护结构的基坑开挖。

浅基坑的支护主要有斜柱支撑、锚拉支撑、型钢桩横挡板支撑、短桩横隔板支撑、临时挡土墙支撑、挡土灌注桩支护、叠袋式挡墙支护。

2. 开挖施工要点

开挖前应先进行测量定位，抄平放线，定出开挖长度，分块分层挖土。根据水文和土质情况，在四周或两侧选择直立开挖或者放坡，保证施工安全。基坑开挖过程中，需常复测平面控制桩、水准点、基坑平面位置、水平标高、边坡坡度等。

当基坑土体含水量大且不稳定，或基坑较深，或周围场地限制需采用较陡的边坡或直立开挖而土质较差时，应采用临时支撑加固。

相邻基坑开挖，应遵循先深后浅或同时进行的施工程序。

基坑开挖尽量防止对地基土的扰动。人工挖土应在基底标高以上保留150～300mm厚的预留土层，待下道工序开始再挖至设计标高。使用机械开挖基坑时，应在基底标高以上预留一层结合人工挖掘修整。使用铲运车、推土机时，保留土层厚度150～200mm，使用挖掘机时保留土层厚度200～300mm。

地下水位以下的挖土，需在基坑周围挖好临时排水沟和集水井，或采用井点降水将水位降低至坑底以下500mm。

雨期施工，基坑应分段开挖，为防止地面雨水流入坑内，需在基坑四周筑土堤或挖排水沟，经常检查边坡和支撑情况，防止塌方。

基坑挖完后验槽，做好记录，若发现地基土质与地质勘探报告、设计要求不一致时，应与相关人员研究并及时处理。

3.3.3　深基坑的土方开挖

深基坑开挖前，一定要制定土方工程专项方案并通过专家论证。

1. 深基坑开挖的方法

主要有放坡挖土（无支护结构）、中心岛式挖土（有支护结构）、盆式挖土（有支护结构）和逆作业法挖土（有支护结构）。

2. 开挖施工要点

土方开挖顺序、方法必须与设计要求一致，遵循“开槽支撑，先撑后挖，分层开挖，严禁超挖”的原则。

防止深基坑挖土后土体回弹变形较大。在开挖过程中及开挖后，井点降水保证正常进行，在挖至设计标高后，尽快现浇垫层和底板。

防止边坡失稳、桩位移和倾斜。土方的开挖宜均匀、分层，尽量减少开挖时的土压力差，以保证桩位正确及边坡稳定。

配合深基坑支护结构施工，坚持采用分层、分段、均衡、对称的方式进行挖土，因为挖土方式影响支护结构的荷载，要尽量使支护结构均匀受力，减少变形。

推土机施工/挖土机施工

3.3.4　土方开挖施工机械

基坑（槽）土方开挖一般采用推土机和挖掘机施工（表3-5）。

土方开挖施工机械　　　　表3-5

机械类型	图片	适用范围	作业方法或特点	提高生产效率方法
推土机	轮胎式 履带式	开挖深度不大于1.5m的基坑(槽)	基本作业：铲土、运土和卸土。 铲土时根据土质情况，尽量采用最大切土深度在最短距离(6～10m)内完成。上下坡坡度不得超过35°，横坡不得超过10°。几台推土机同时作业，前后距离应大于8m	1. 下坡推土法； 2. 槽型推土法； 3. 并列推土法； 4. 分堆集中； 5. 铲刀附加侧板法

续表

机械类型		图片	适用范围	作业方法或特点	提高生产效率方法
挖掘机	正铲挖掘机		工作面狭小且较深的大型管沟和基槽路堑；独立基坑及边坡开挖	挖土特点："前进向上，强制切土"。采用正向开挖，后方装土法进行作业	1. 分成开挖法； 2. 多层开挖法； 3. 中心开挖法； 4. 上下轮换开挖法； 5. 顺铲开挖法； 6. 间隔开挖法
	反铲挖掘机		适用于开挖含水量大的砂土或黏土，主要用于停机面以下深度不大的基坑（槽）或管沟，独立基坑及边坡开挖	挖土特点："后退向下，强制切土"	1. 沟端开挖法； 2. 沟侧开挖法； 3. 沟角开挖法； 4. 多层接力开挖法
	抓铲挖掘机		土质较松软、施工面狭窄的深基坑、基槽	挖土特点："直上直下，自重切土"	—

3.4 土方回填

3.4.1 土料的选用

1. 土料的要求

土方填土土料的选用要求

填方土料应符合设计要求，选择强度高、压缩性好、水稳定性好、便于施工的土石料，用来保证填方的强度和稳定性。如果没有设计要求时，填料应符合下列规定：

（1）级配良好的砂土或碎石土，以及爆破的石渣（最大粒径不大于每层铺填厚度的 2/3，当用振动碾压时不超过 3/4），可用于表层以下的填料。

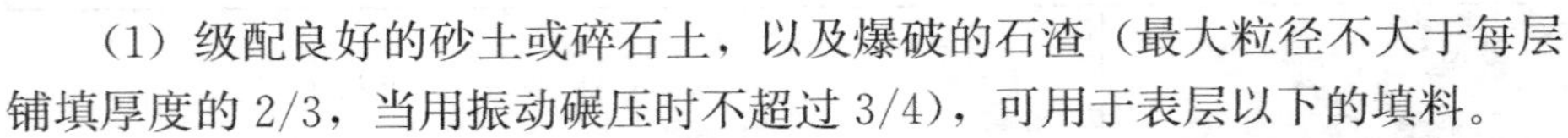

（2）以粉质黏土、粉土作填料时，其含水量最好是最优含水量。

（3）若采用工业废料作为填料时，其性能必须保证稳定。

（4）不得使用淤泥、耕土、冻土、膨胀性土和有机物含量大于 8%的土，以及水溶性硫酸盐含量大于 5%的土。

2. 土料的含水量处理方法

施工前应对土的含水量进行检验。当含水量过大时，采用翻松、晾晒、风干等方法降低土的含水量，还可以采用换土回填、均匀掺入干土或其他吸水材料类、打石灰桩等方法。若含水量偏低时，可预先洒水润湿。含水量过大过小的土都难压实。因此填土应严格控制土的含水量，使土料的含水量接近于最佳含水量。

土的压实性

3.4.2　填土压实方法

1. 填土方法

填土可以采用人工填土和机械填土。

人工填土只适用于小型土方工程，一般用手推车运土，人工用锹、锄、耙等工具进行填筑。

机械填土可采用推土机、铲运机、自卸汽车，采用机械填土时，可利用行驶的机械进行部分压实工作。

2. 压实方法

填土的压实方法有碾压、夯实和振动压实等几种，具体见表3-6。

填土压实方法　　**表3-6**

压实方法	适用范围	机械	照片	使用注意事项
碾压	大面积填土工程	平碾（压路机）		适用于碾压黏性和非黏性土，应用最普遍的刚性平碾
		羊足碾		需要很大的牵引力且只能用于压实黏性土
		气胎碾		工作时是弹性体，给土的压力较均匀，填土质量好

续表

压实方法	适用范围	机械	照片	使用注意事项
夯实	小面积填土	夯锤		借助起重机提起并落下，夯土的影响深度可超过1m，常用于夯实湿陷性黄土、杂填土及含有石块的填土
		内燃夯土机		作用深度0.4～0.7m，现在应用较广的夯实机械之一
		蛙式打夯机		工作可靠、效能高、易维护保养，现在应用较广的夯实机械之一
振动压实	压实非黏性土	振动压路机		借助振动设备使压实机振动，土颗粒发生相对位移而达到紧密状态
		平板振动器		

3.4.3　影响填土压实的因素

填土的压实质量与很多因素有关，主要与土的含水量、压实功和每层铺土厚度有关。

1. 土的含水量的影响

土的含水量对填土压实质量有很大影响。

土的含水量过小，由于土颗粒之间摩阻力较大，而不易压实；土的含水量较大，超过一定限度时，土颗粒之间的孔隙全部被水填充而呈饱和状态，土也不能被压实。

在同样压实功作用下，得到最大干密度，这时土的含水量称为最佳含水量（图3-15）。施工中，土的含水量和最佳含水量之差可控制在－4%～＋2%。

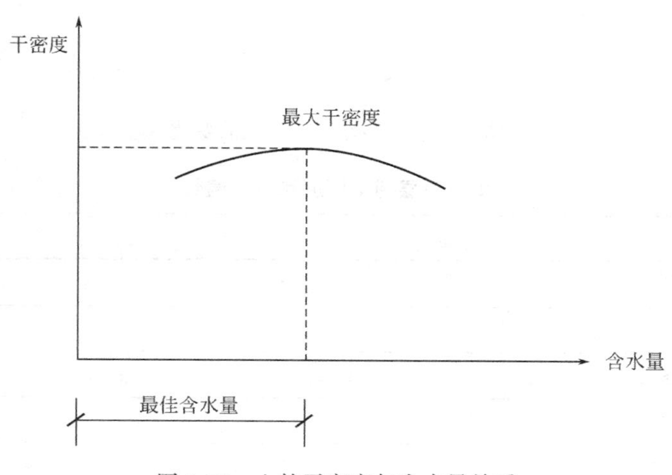

图3-15　土的干密度与含水量关系

2. 压实功的影响

填土压实后的重度（密实程度）与压实机械在其上施加的功有一定的关系。压实后的土的密度与所耗的功的关系见图3-16。

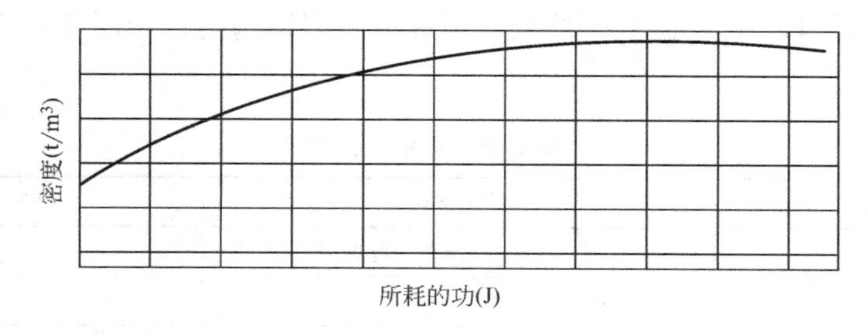

图3-16　土的密度与压实功的关系示意

压实功：是压实机械产生的力与土压实的厚度的乘积。在实际施工时，对不同的土应根据选择的压实机械和填土的密实度的要求，选择压实遍数。

3. 每层铺土厚度的影响

土在压实功的作用下，压实机械的压应力随填土深度增加而逐渐减小，如图3-17所示。铺过厚，压很多遍才能达到规定的密实度；铺过薄，增加机械的总压实遍数。其压实作用也随土层深度的增加而逐渐减小。最优铺土厚度应使土方压实而机械的功耗费最少，可按照表 3-7 选用。压实影响深度与土的性质、含水量等因素有关。

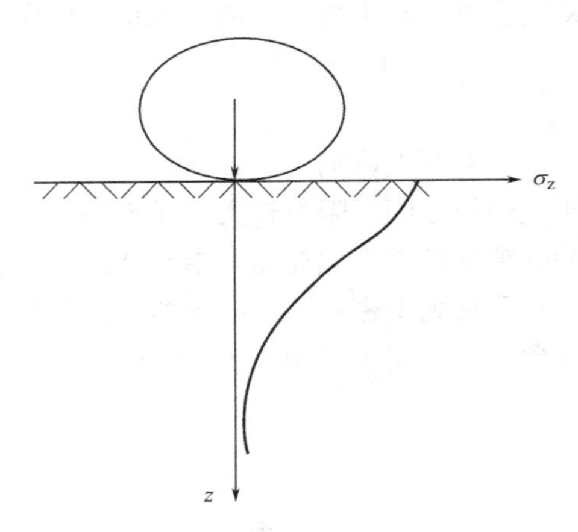

图 3-17 压实作用沿深度的变化

填方每层铺土厚度和压实遍数 **表 3-7**

压实机械	每层铺土厚度(mm)	每层压实遍数(遍)
平碾	250～300	6～8
羊足碾	200～350	8～16
蛙式打夯机	200～250	3～4
振动压实机	250～350	3～4
柴油打夯机	200～250	3～4
人工打夯	＜200	3～4

3.4.4 填土压实的质量检查

填土压实的质量以压实系数 λ_c 控制，工程中根据结构类型和压实填土所在部位按表 3-8 的数值确定。

填土的压实系数要求 **表 3-8**

结构类型	填土部位	压实系数 λ_c
砌体承重构件和框架结构	在地基主要受力层范围内	≥0.97
	在地基主要受力层范围以下	≥0.95
简支结构和排架结构	在地基主要受力层范围内	0.94～0.97
	在地基主要受力层范围以下	0.91～0.93
一般工程	基础四周或两侧一般回填土	0.9
	室内地坪、管道、地沟回填土	0.9
	一般堆放物件场地回填土	0.85

压实系数 λ_c 是土的施工控制干密度 ρ_d 和土的最大干密度 ρ_{dmax} 的比值。其中施工控制干密度 ρ_d 可用环刀法或灌砂法或灌水法测定，最大干密度 ρ_{dmax} 则用击实试验确定。

知识链接

最大干密度 ρ_{dmax} 用击实试验确定，击实试验是研究土压实性的基本方法。击实试验分轻型击实和重型击实两种，轻型击实试验的单位体积击实功为 592.2kJ/m^3，适用于粒径小于 5mm 的黏性土，重型击实试验的单位体积击实功为 2684.9kJ/m^3，适用于粒径不大于 20mm 的土。试验时，将含水率 w 一定的土样分层装入击实筒，每铺一层均用击锤按规范要求的落距和击数锤击土样，试验达到规定击数后，测定被击实土样含水率 w 和干密度 ρ_d，改变含水率重复试验，将所得结果以干密度为纵坐标，含水率为横坐标，绘制干密度与含水率的关系曲线（图 3-18），干密度与含水率的关系曲线上的峰点的坐标分别为土的最大干密度与最优含水率。

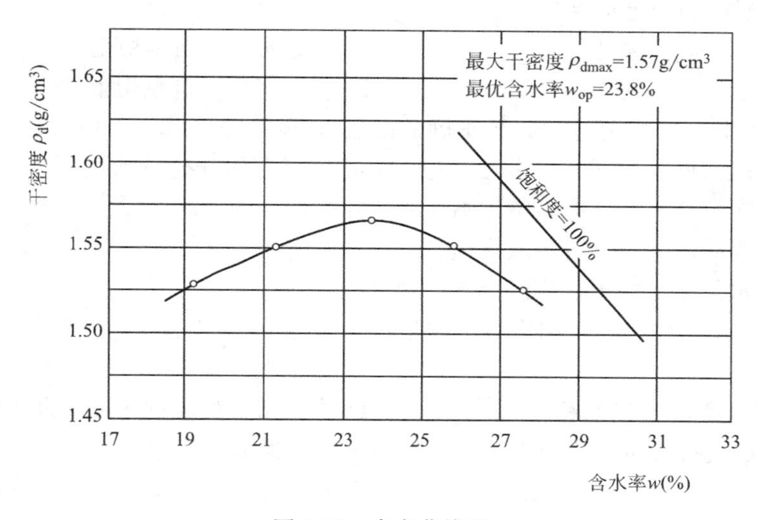

图 3-18　击实曲线图

【单元总结】

本单元内容包括：场地平整的程序、要求及机械；基坑与基槽土方量计算、场地平整土方量计算、土方调配；土方开挖技术、土方开挖施工机械；土方回填土料的选用、填土压实方法。

本单元重点阐述了场地平整方格土方量计算及边坡土方量计算。

【思考及练习】

一、填空题

1. 场地平整中，土方调配的基本要求是合理确定挖填方区土方调配的＿＿＿＿＿＿和＿＿＿＿＿＿，以达到缩短工期和降低成本的目的。

2. 机械开挖基坑时，基底以上应预留一定厚度土层进行人工清底，以避免＿＿＿＿＿。

3. 填方所用土料可包括碎石类土、砂土、爆破石渣以及含水量符合压实要求的

________土。

4.填土压实方法有________、________和________等几种。

5.羊足碾一般用于________土的压实，其每层压实遍数不得少于________遍。

二、单选题

1.作为检验填土压实质量控制指标的是（　　）。

A.土的干密度　　B.土的压缩比　　C.土的可松性　　D.土的压实度

2.场地平整前的首要工作是（　　）。

A.选择工程土方机械　　B.计算挖、填方量

C.确定场地的设计标高　　D.制定调配方案

3.在场地平整的方格网上，各角点的施工高度为该角点的（　　）。

A.自然地面标高与填方高度的差值　　B.挖方高度与设计标高的差值

C.设计标高与自然地面标高的差值　　D.自然地面标高与设计标高的差值

4.反铲挖掘机的挖土特点是（　　）。

A.后退向下，自重切土　　B.后退向下，强制切土

C.前进向下，强制切土　　D.直上直下，自重切土

5.在基坑（槽）土方开挖时，不正确的说法是（　　）。

A.当土质较差时，应采用“分层开挖，先挖后撑”的开挖原则

B.当边坡陡、基坑深、地质条件不好时，要采取加固措施

C.为防止扰动地基土，应采取措施

D.在地下水位以下的土，应经降水后再开挖

6.以下几种土料中，可以用作填土的是（　　）。

A.淤泥　　B.膨胀土

C.有机质含量为10%的粉土　　D.含水溶性硫酸盐为5%的砂土

7.当采用蛙式打夯机压实填土时，每层铺土厚度最多不得超过（　　）。

A.100mm　　B.250mm　　C.350mm　　D.500mm

8.采用平碾压压路机压实填土时，每层压实遍数最少不得低于（　　）。

A.2遍　　B.4遍　　C.6遍　　D.9遍

三、多选题

1.铲运机、推土机、挖掘机均能直接开挖的土有（　　）。

A.松软土　　B.普通土　　C.软石　　D.砂砾坚土

E.坚土

2.为提高效率，推土机常用的施工作业方法有（　　）。

A.槽形推土　　B.下坡推土　　C.并列推土　　D.分堆集中

E.助铲法

3.正铲挖掘机的开挖方式有（　　）。

A.沟端开挖　　B.正向挖土，侧向卸土

C.正向挖土，后方卸土　　D.侧端开挖　　E.定位开挖

4.填方压实时，对黏性土宜采用（　　）。

A.碾压法　　B.夯实法　　C.振动法　　D.水冲法

E. 堆载加压法

5. 影响填土压实质量的主要因素有（　　）。

A. 土质　　B. 机械压实功　　C. 每层铺土厚度　　D. 基坑深度

E. 土的含水量

四、简答题

1. 挖掘机按工作装置分为哪几种类型？各自特点及适用范围如何？

2. 简述保证填土质量的主要方法。

教学单元4　基坑工程施工

【教学目标】

1. 知识目标

能说出支护结构选型，深基坑支护施工方法；

能简述地面降（排）水措施；

能简述轻型井点布置、施工工艺；

能说出常用的降水方法；

能够简述流砂发生的条件及防治措施；

能够阐述降水对邻近建筑物的影响及预防措施；

能够绘制基坑开挖施工工艺流程；

能简述基坑监测方法与内容；

能说出基坑质量验收方法，掌握基坑施工安全措施。

2. 能力目标

具备一定的基坑支护结构专业知识；

具备一定的基坑排（降）水施工技术专业知识；

具备一定的基坑开挖施工组织能力，具有一定的基坑施工安全意识、安全隐患发现及处理能力。

【思维导图】

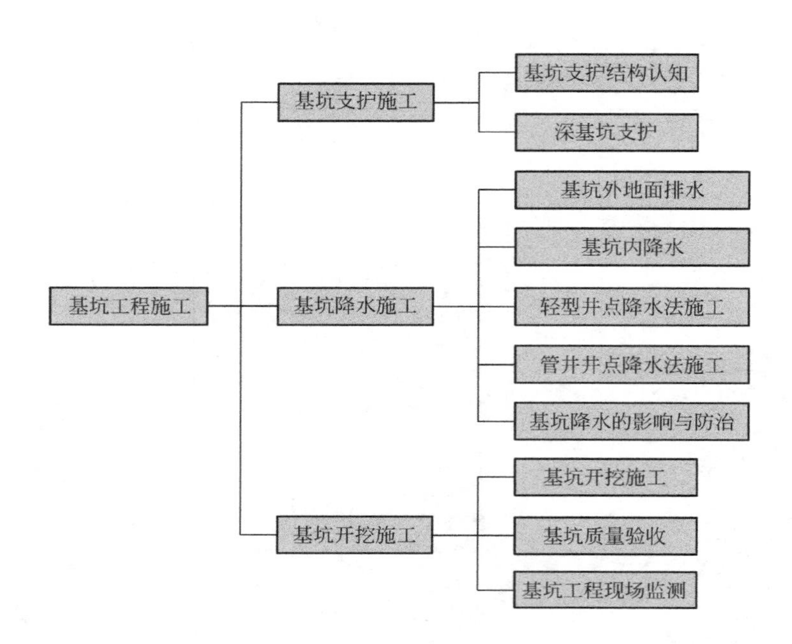

基坑工程是建筑工程施工中最重要的工程之一，特点是露天作业、水文地质复杂、工期长、危险因素多，如果施工不当或者对土质研究分析不详细，就很容易造成基坑的塌方现象，这将影响到整个施工状况，危及周边建筑物的安全，并容易发生人身伤亡事故。基坑工程施工主要包括基坑支护、基坑降水、基坑开挖等内容。

4.1　基坑支护施工

在基坑开挖过程中，基坑支护是为保证地下结构施工及基坑周边环境的安全，对基坑侧壁及周边环境采用的支挡、加固与保护措施。我国行业标准《建筑基坑支护技术规程》JGJ 120—2012 对基坑支护的定义如下：为保护地下主体结构施工和基坑周边环境的安全，对基坑采用的临时性支挡、加固、保护与地下水控制的措施。

基坑边坡塌方

4.1.1　基坑支护结构认知

当地质条件、周围环境和地下管线复杂，或影响毗邻建筑（构筑）物安全的基坑（槽）开挖施工时，需要设置基坑支护，以保证基坑工程施工的质量和安全。

1. 基坑支护基本要求

基坑支护的基本要求包括：

（1）确保支护结构能起挡土作用，基坑边坡在基坑施工过程中保持稳定；

（2）确保相邻的建（构）筑物、道路、地下管线的安全，不因土体的变形、沉陷、坍塌受到危害；

（3）通过排水、降水等措施，确保基础施工在地下水位以上进行。

基坑支护类型

2. 常见基坑支护类型

在基坑工程开挖中，常见的基坑支护类型见表 4-1。

常见基坑支护类型　　**表 4-1**

基坑类型	优点	缺点	适用条件
放坡开挖	支护简单，基坑稳定，造价低	回填土方量较大，场地要求宽阔	场地开阔，周围无重要建筑物的工程
挡土灌注桩	作业场地不大，噪声低，振动小，成本低，桩刚度较大，抗弯强度高，安全感好	止水性差。为防止水土流失，也可在灌注桩之间加粉喷桩	适合于开挖较大、较浅（小于 5m）基坑，邻近有建筑物，不允许放坡，不允许附近地基出现下沉位移时采用
土层锚杆支护	结构轻巧、受力合理，并有少占场地、缩短工期、降低造价等优点。由于坑内不设支撑，所以施工条件较好	—	锚固于砂质土、硬黏土层并要求较高承载力的锚杆，宜采用端部扩大头型锚固体；锚固于淤泥、淤泥质土层并要求较高承载力的锚杆，宜采用连续球体型锚固体

续表

基坑类型	优点	缺点	适用条件
土钉墙支护	(1)施工设备简单,随基坑开挖逐层分段开挖作业,不占或少占单独作业时间,施工效率高,占用周期短。 (2)施工不需单独占用场地,对现场狭小,放坡困难,有相邻建筑物时显示其优越性。 (3)土钉墙成本费较其他支护结构显著降低。 (4)施工噪声、振动小,不影响环境。 (5)土钉墙本身变形很小,对相邻建筑物影响不大	土质不好的地区难以运用	适用于地下水位以上的素填土、黏性土、粉土和砂土,且开挖深度不大于10m的基坑工程
钢板桩支护	由于热轧钢板桩的生产工艺先进,锁口咬合紧密,截水性能好,因此在工程建设领域主要采用热轧钢板桩产品	不能挡水和土中的细小颗粒,在地下水位高的地区需采取隔水或降水措施;抗弯能力较弱,支护刚度小,开挖后变形较大	钢板桩支护适用于地层为砂土、粉土、黏性土、局部淤泥及淤泥质土,且邻近无重要建(构)筑物或重要地下管线的基坑支护工程,当邻近有重要建(构)筑物或重要地下管线时,应完善打入和拔除过程的相关保护措施
地下连续墙支护	(1)工效高、工期短、质量可靠、经济效益高。 (2)施工时振动小,噪声低,非常适于在城市施工。 (3)刚度大、强度高,可挡土、承重、截水、抗渗,可在狭窄场地施工	(1)在城市施工时,废泥浆的处理比较麻烦。 (2)地下连续墙如果用作临时的挡土结构,比其他方法所用的费用要高些。 (3)如果施工方法不当或施工地质条件特殊,可能出现相邻墙段不能对齐和漏水的问题。 (4)在一些特殊的地质条件下(如很软的淤泥质土,含漂石的冲积层和超硬岩石等),施工难度很大	适用于开挖深度较大、地质条件复杂、基坑周边环境对支护结构变形控制要求严格的基坑支护工程
SMW工法	施工时基本无噪声,对周围环境影响小;结构强度可靠,凡是适合应用水泥土搅拌桩的场合都可使用;挡水防渗性能好,不必另设挡水帷幕;可以配合多道支撑应用于较深的基坑	—	可在淤泥土、粉土、黏土、砂土、砂、砾、卵石等土层中应用

3. 支护结构选型

支护结构的选型参见表4-2。

各类支护结构适用条件　　表 4-2

<table>
<tr><th colspan="2" rowspan="2">结构类型</th><th colspan="3">适用条件</th></tr>
<tr><th>安全等级</th><th colspan="2">基坑深度、环境条件、土类和地下水条件</th></tr>
<tr><td rowspan="5">支挡式结构</td><td>锚拉式结构</td><td rowspan="5">一级
二级
三级</td><td>适用于较深的基坑</td><td rowspan="5">(1)排桩适用于可采用降水或截水帷幕的基坑。
(2)地下连续墙宜同时用作主体地下结构外墙，可同时用于截水。
(3)锚杆不宜用在软土层和高水位的碎石土、砂土层中。
(4)当邻近基坑有建筑物地下室、地下构筑物等，锚杆的有效锚固长度不足时，不应采用锚杆。
(5)当锚杆施工会造成基坑周边建(构)筑物损害或违反城市地下空间规划等规定时，不应采用锚杆</td></tr>
<tr><td>支撑式结构</td><td>适用于较深的基坑</td></tr>
<tr><td>悬臂式结构</td><td>适用于较浅的基坑</td></tr>
<tr><td>双排桩</td><td>当锚拉式、支撑式和悬臂式结构不适用时，可考虑采用双排桩</td></tr>
<tr><td>支护结构与主体结构结合的逆作法</td><td>适用于基坑周边环境条件很复杂的深基坑</td></tr>
<tr><td rowspan="4">土钉墙</td><td>单一土钉墙</td><td rowspan="4">二级
三级</td><td>适用于地下水位以上或降水的非软土基坑，且基坑深度不宜大于 12m</td><td rowspan="4">当基坑潜在滑动面内有建筑物、重要地下管线时，不宜采用土钉墙</td></tr>
<tr><td>预应力锚杆复合土钉墙</td><td>适用于地下水位以上或降水的非软土基坑，且基坑深度不宜大于 15m</td></tr>
<tr><td>水泥土桩复合土钉墙</td><td>用于非软土基坑时，基坑深度不宜大于 12m；用于淤泥质土基坑时，基坑深度不宜大于 6m；不宜用在高水位的碎石土、砂土层中</td></tr>
<tr><td>微型桩复合土钉墙</td><td>适用于地下水位以上或降水的基坑，用于非软土基坑时，基坑深度不宜大于 12m；用于淤泥质土基坑时，基坑深度不宜大于 6m</td></tr>
<tr><td colspan="2">重力式水泥土墙</td><td>二级
三级</td><td colspan="2">适用于淤泥质土、淤泥基坑，且基坑深度不宜大于 7m</td></tr>
<tr><td colspan="2">放坡</td><td>三级</td><td colspan="2">(1)施工场地满足放坡条件。
(2)放坡与上述支护结构形式结合</td></tr>
</table>

注：1. 当基坑不同部位的周边环境条件、土层性状、基坑深度等不同时，可在不同部位分别采用不同的支护形式。
2. 支护结构可采用上、下部以不同结构类型组合形式。

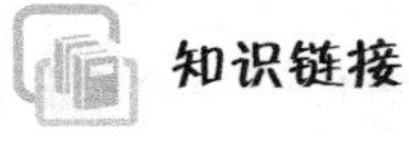

知识链接

基坑支护设计时，应综合考虑基坑周边环境和地质条件的复杂程度、基坑深度等因素，根据支护结构破坏后果选用支护结构的安全等级。对同一基坑的不同部位，可采用不同的安全等级。安全等级分三级。

一级：支护结构破坏、土体失稳或过大变形对基坑周边环境及地下结构施工影响很严重；基坑深度 $H>12$m。

二级：支护结构破坏、土体失稳或过大变形对基坑周边环境及地下结构施工影响一般；基坑深度 $6\text{m}<H\leqslant 12\text{m}$。

三级：支护结构破坏、土体失稳或过大变形对基坑周边环境及地下结构施工影响不严重；基坑深度 $H\leqslant 6\text{m}$。

重要性系数：一级 $\gamma_0=1.1$，二级 $\gamma_0=1.0$，三级 $\gamma_0=0.9$。

支护选型考虑因素：

（1）基坑深度；

（2）土的性状及地下水条件；

（3）基坑周边环境对基坑变形的承受能力及支护结构失效的后果；

（4）主体地下结构和基础形式及施工方法、基坑平面尺寸及形状；

（5）支护结构施工工艺的可行性；

（6）施工场地条件及施工季节；

（7）经济指标、环保性能和施工工期。

4.1.2 深基坑支护

常见的深基坑支护形式有钢板桩围护结构、排桩、地下连续墙、排桩支护、土钉墙支护、深层搅拌法水泥土桩挡墙等，如图 4-1 所示。

图 4-1 某深基坑支护施工

知识链接

深基坑支护设置原则：

（1）要技术先进、结构简单、因地制宜、就地取材、经济合理。

（2）尽可能与工程永久性挡土结构相结合，结构的组成部分或材料能够部分回收、重复利用。

（3）受力可靠，确保基坑边坡稳定。

（4）保护环境，保证施工期间安全。

深基坑支护及土方开挖施工工艺

1. 挡土灌注桩支护

挡土灌注桩支护是在开挖基坑周围，用钻机钻孔，下钢筋笼，现场灌注混凝土桩，桩间距为 1～1.5m，成排设置，上部设连梁，在基坑中间用机械或人工挖土，下挖 1m 左右装上横撑，在桩背面装上拉杆与已设锚桩拉紧，然后继续挖土至要求深度，如图 4-2、图 4-3 所示。如基础深度小于 6m，或邻近有建（构）筑物，也可不设锚拉杆，采取加密桩距或加大桩径的方法。

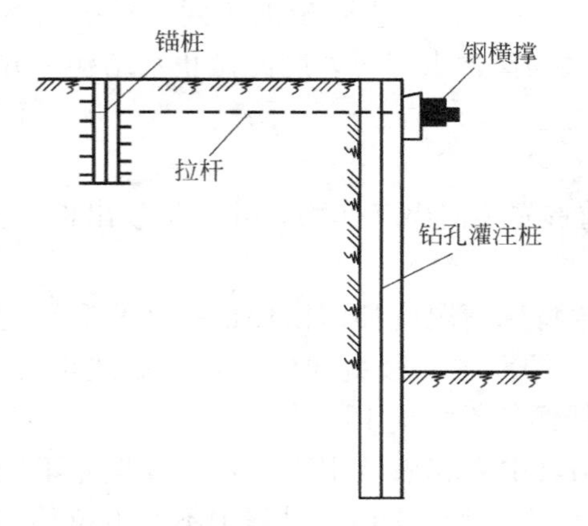

图 4-2 挡土灌注桩支护

图 4-3 深基坑的间隔式排桩支护

（1）特点

挡土灌注桩支护施工设备简单，所需作业场地不大，噪声低，振动小，成本低，桩刚度较大，抗弯强度高，安全性好。

（2）适用条件

挡土灌注桩适合于开挖较大、较浅（小于 5m）基坑，邻近有建筑物，不允许放坡，不允许附近地基出现下沉位移时采用。

（3）排列形式

挡土灌注桩的排列有柱列式、连接式、连续式和组合式，如图 4-4 所示；桩顶设置混凝土连系梁或锚桩、拉杆。缺点是止水性差，为防止水土流失，也可在灌注桩之间加粉喷桩。

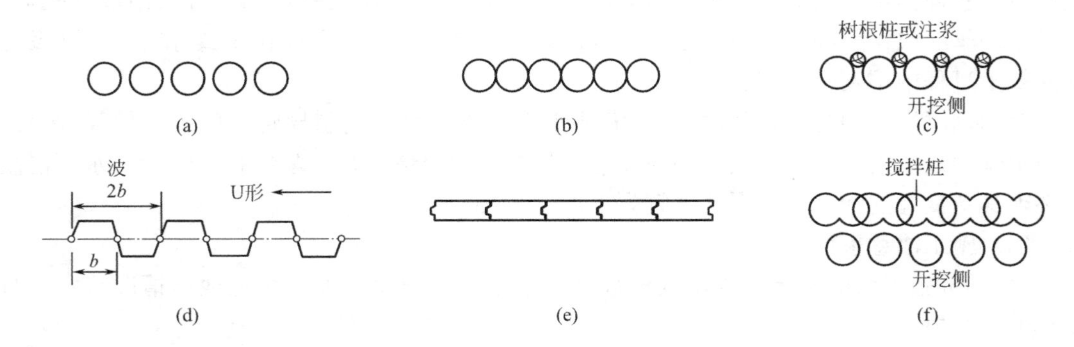

图 4-4 排桩支护的类型

（a）柱列式排桩；（b）连接式排桩；（c）连续式排桩；
（d）连续式排桩；（e）连续式排桩；（f）组合式排桩

（4）施工工艺

挡土灌注桩施工工艺：测量放线，准备工作面→埋设护筒→桩机就位→拌制护壁泥浆、成孔（同时制作钢筋笼）→清孔→钢筋骨架安放→调放导管、灌注水下混凝土。

为了形成排状的冲、钻孔灌注桩，应采用隔桩施工；每一根桩的施工与普通工程桩的要求相似，在相邻桩的混凝土达到设计强度的70%以上后方可进行成孔施工。

将排桩分成相间隔的两批桩跳挖，第一批桩施工完成，桩芯混凝土达到设计强度的70%以上后再开挖第二批桩；对于桩身穿过透水性大的富含水层时，应先做止水结构，并在基坑内降水后再行施工。

（5）施工要点

1）测量放线，准备工作面。钻孔灌注桩施工前首先须清出工作面，并测量放出桩位。桩位偏差不得超过规范及设计的要求。

2）埋设护筒。一般情况埋置深度宜为2～4m，特殊情况应加深以保证钻孔和灌注混凝土的顺利进行。护筒内径宜比桩径大20～40cm。护筒中心竖直线应与桩中心线重合，除设计另有规定外，平面允许误差为50mm，竖直线倾斜不大于1%。

3）桩机就位。钻机就位时，应采取措施保证钻具中心和桩位中心重合，其偏差不应大于20mm。钻机就位后应平整稳固，并采取措施固定，保证在钻进过程中不产生位移和摇晃，否则应及时处理。

4）拌制护壁泥浆，成孔，同时开始制作钢筋笼。护壁泥浆由水、黏土（或膨润土）按一定比例配制而成，可通过机械在泥浆池、钻孔中搅拌均匀。泥浆比重控制在1.15～1.20，用比重计测量。开钻时，在一定范围内应慢速钻进，待导向部位或钻头全部进入土层后，方可加速钻进。钢筋笼的尺寸偏差尚应满足设计与规范的要求。

5）清孔。清孔分两次进行，钻孔深度达到设计要求，对孔深、孔径、孔的垂直度等进行检查，符合要求后进行第一次清孔；钢筋骨架、导管安放完毕，混凝土浇筑之前，应进行第二次清孔。第一次清孔根据设计要求，施工机械采用换浆方法进行，第二次清孔根据孔径、孔深、设计要求采用正循环方法进行。不允许采取加深钻孔深度的方法代替清孔。

6）钢筋骨架安放。搬运和吊装时，应防止变形，安放要对准孔位，避免碰撞孔壁，就位后应立即固定。钢筋骨架吊放入孔时应居中，防止碰撞孔壁，钢筋骨架吊放入孔后，应采用钢丝绳或钢筋固定，使其位置符合设计及规范要求，并保证在安放导管、清孔及灌注混凝土过程中不发生位移。

7）调放导管，灌注水下混凝土。灌注水下混凝土采用钢制导管法施工，导管接口之间采用丝扣或法兰连接，连接时必须加垫密封圈或橡胶垫，并上紧丝扣或螺栓。水下混凝土必须具备良好的和易性，坍落度宜为180～220mm。

（6）施工注意事项

1）排桩施工前应进行试桩，试桩数量应根据工程规模及施工场地地质情况确定，且不宜少于2根。

2）灌注桩排桩施工质量控制应符合下列规定：

① 桩位偏差不应小于50mm；

② 孔深的偏差应为0～+300mm，孔底沉渣厚度不应大于200mm，排桩兼作承重结构时，孔底沉渣厚度不应大于100mm；

③ 桩身垂直度不应大于1/150，桩径的偏差应为0～+100mm；

④ 钢筋笼宜整体安装，非均匀配筋的钢筋笼应保证其安放方向与设计方向一致；

⑤ 水下混凝土的配制强度等级应高于设计桩身强度等级；

⑥ 排桩顶的泛浆高度不应小于 500mm。

3）钻（冲）孔灌注排桩的施工尚应符合下列规定：

① 桩孔净间距过小或采用多台机同时施工时，相邻桩应间隔施工，已完成浇筑混凝土的桩与施工中邻桩的间距应大于 4 倍桩径，或间隔施工时间应大于 36h；

② 桩身范围内存在较厚的粉土、砂土层时，宜适当提高泥浆密度和黏度。

4）咬合桩施工尚应符合下列规定：

① 施工前，应沿咬合桩两侧设置导墙；

② 由 A、B 两序桩按 $A_1 \to A_2 \to B_1 \to A_3 \to B_2 \to \cdots\cdots A_n \to B_{n-1}$ 的顺序跳孔施工，如图 4-5 所示，B 序桩施工时利用成孔机械切割 A 序桩身；

③ 在施工 A_1 桩之后，应在 A_1 的另一侧钻 B_{n-1} 序孔，采用砂石灌注；

④ 软切割的 A 序桩应采用超缓凝混凝土且缓凝时间不小于 60h，混凝土 3d 强度不宜大于 3MPa，B 序桩应在 A 序桩终凝前完成；

⑤ 硬切割的 A 序桩可采用普通商品混凝土，缓凝时间 12～24h，混凝土 3d 强度宜达到设计强度的 30%。混凝土坍落度宜为 140～180mm。

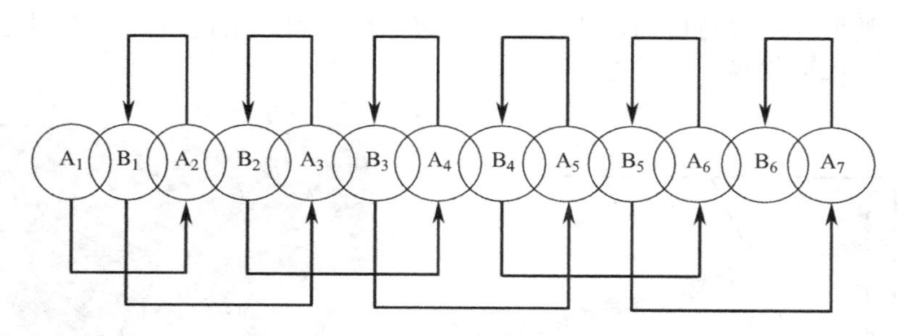

图 4-5　咬合桩施工顺序图

2. 土层锚杆支护

土层锚杆简称土锚杆，是在深基础土壁未开挖的土层内钻孔，达到一定深度后，在孔内放入钢筋、钢管、钢丝束、钢绞线等材料，灌入水泥砂浆或化学浆液，使其与土层结合成为抗拉（拔）力强的锚杆，它一端与工程构筑物相连，另一端锚固在土层中，通常对其施加预应力，以承受由土压力、水压力或风荷载等所产生的拉力，用以维护构筑物的稳定，如图 4-6、图 4-7 所示。

（1）特点

土层锚杆能简化基础结构，使结构轻巧、受力合理，并有少占场地、缩短工期、降低造价等优点。由于坑内不设支撑，所以施工条件较好。

（2）适用条件

锚固于砂质土、硬黏土层并要求较高承载力的锚杆，宜采用端部扩大头型锚固体；锚固于淤泥、淤泥质土层并要求较高承载力的锚杆，宜采用连续球体型锚固体。

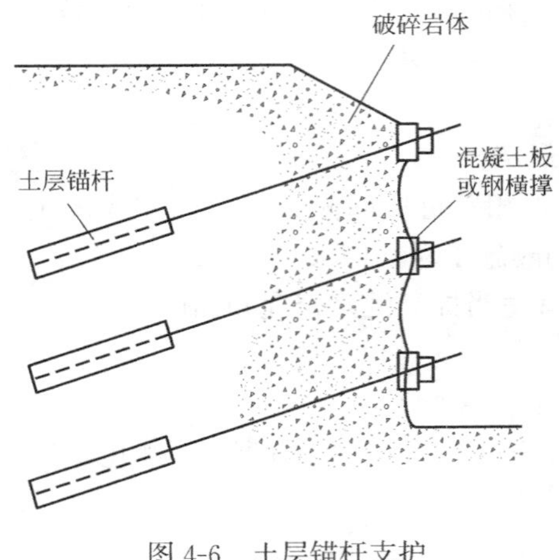

图 4-6　土层锚杆支护

图 4-7　基坑锚杆支护施工

（3）结构类型

土层锚杆一般由锚头、自由段和锚固段三部分组成，如图 4-8 所示。其中锚固段用水泥浆或水泥砂浆将杆体（预应力筋，如图 4-9 所示）与土体粘结在一起形成锚杆的锚固体。

根据土体类型、工程特性与使用要求，土层锚杆锚固体结构可设计为圆柱型、端部扩大头型或连续球体型三类。

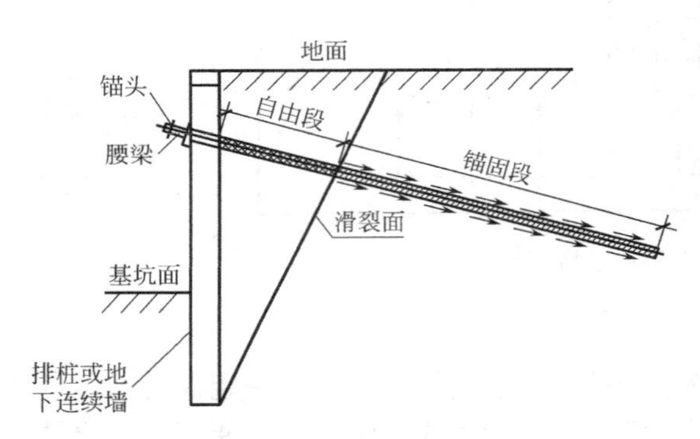

图 4-8　预应力土层锚杆

图 4-9　锚杆

（4）施工工艺

土层锚杆的施工工艺包括成孔、安放拉杆、灌浆和张拉锁定等工序。

（5）施工要点

1）成孔。土层锚杆的成孔可采用螺旋式钻孔机、旋转冲击式钻孔机和冲击式钻孔机。应用较多的是压水钻进法成孔工艺，它可把成孔过程中的钻进、出渣、清孔等工序一次完成。当土层无地下水时，亦可用螺旋钻干作业法成孔，如图 4-10 所示。

2）安放拉杆。拉杆在使用前要除锈，钢绞线要清除油脂。土层锚杆的全长一般在 10m 以上，长的达到 30m。

3）灌浆，是土层锚杆施工中的一个关键工序。注浆液采用水泥浆时，水灰比宜取 0.5～0.55；采用水泥砂浆时，水灰比宜取 0.4～0.45，灰砂比宜取 0.5～1.0，拌合用砂

图 4-10　螺旋钻干作业法成孔

宜选用中粗砂。其流动度要适合泵送，为防止泌水、干缩和降低水灰比，可掺加 0.3%的木质素磺酸钙。常用的灌浆方法为一次灌浆法，即利用压浆泵将水泥浆经胶管压入拉杆内，再由拉杆管端注入锚孔，灌浆压力为 0.4MPa。待浆液流出孔口时，用水泥袋纸塞入孔内，用湿黏土堵塞孔口，严密捣实，再以 400～600kPa 的压力进行补灌，稳压数分钟即告完成。

4）张拉和锁定。土层锚杆灌浆后，预应力锚杆还需张拉锁定。待锚固体的混凝土强度大于 15MPa 并达到设计强度的 75%后方可进行。

（6）施工注意事项

1）土层锚杆布置

锚杆的水平间距不宜小于 1.5m；对多层锚杆，其竖向间距不宜小于 2.0m；当锚杆的间距小于 1.5m 时，应根据群锚效应对锚杆抗拔承载力进行折减或改变相邻锚杆的倾角。

① 锚杆锚固体上覆土层厚度不应小于 4.0m，锚杆锚固段长度不应小于 6.0m；

② 锚杆倾角宜取 15°～25°，不应大于 45°，不应小于 10°；锚杆的锚固段已设置在强度较高的土层内；

③ 当锚杆上方存在天然地基的建筑物或地下构筑物时，宜避开易塌孔、变形的土层。

2）土层锚杆材料

① 预应力杆体材料宜选用钢绞线、高强钢丝或高强螺纹钢筋。当预应力值较小或锚杆长度小于 20m 时，预应力筋也可采用 HRB335 或 HRB400 钢筋。锚具和连接锚杆杆体的受力部件，均应能承受 95%的杆体极限抗拉力。

② 锚杆注浆应采用水泥浆或水泥砂浆，注浆固结体强度不宜低于 20MPa。

3）锚杆的施工偏差

锚杆的施工偏差应符合下列要求：

① 钻孔孔位的允许偏差应为 50mm；

② 钻孔倾角的允许偏差应为 3°；

③ 杆体长度不应小于设计长度；

④ 自由段的套管长度允许偏差应为±50mm。

3. 土钉墙支护

土钉墙支护是由天然土体通过土钉墙就地加固并与喷射混凝土面板相结合，形成一个类似重力挡墙，以此来抵抗墙后的土压力，从而保持开挖面的稳定，如图 4-11、图 4-12 所示。土钉墙是通过钻孔、插筋、注浆来设置的，一般称砂浆锚杆，也可以直接打入角钢、粗钢筋形成土钉，如图 4-13 所示。

土壁支护的施工方法

(1) 特点

土钉墙支护特点：

1) 形成土钉复合体，显著提高边坡整体稳定性和承受边坡超载的能力。

2) 施工设备简单，由于钉长一般比锚杆的长度小得多，不加预应力，所以设备简单。

3) 随基坑开挖逐层分段开挖作业，不占或少占单独作业时间，施工效率高，占用周期短。

4) 施工不需单独占用场地，在现场狭小、放坡困难、有相邻建筑物时显示其优越性。

5) 土钉墙支护成本费较其他支护结构显著降低。

6) 施工噪声、振动小，不影响环境。

7) 土钉墙本身变形很小，对相邻建筑物影响不大。

(2) 适用条件

土钉墙支护适用于地下水位以上的素填土、黏性土、粉土和砂土，且开挖深度不大于 10m 的基坑工程。

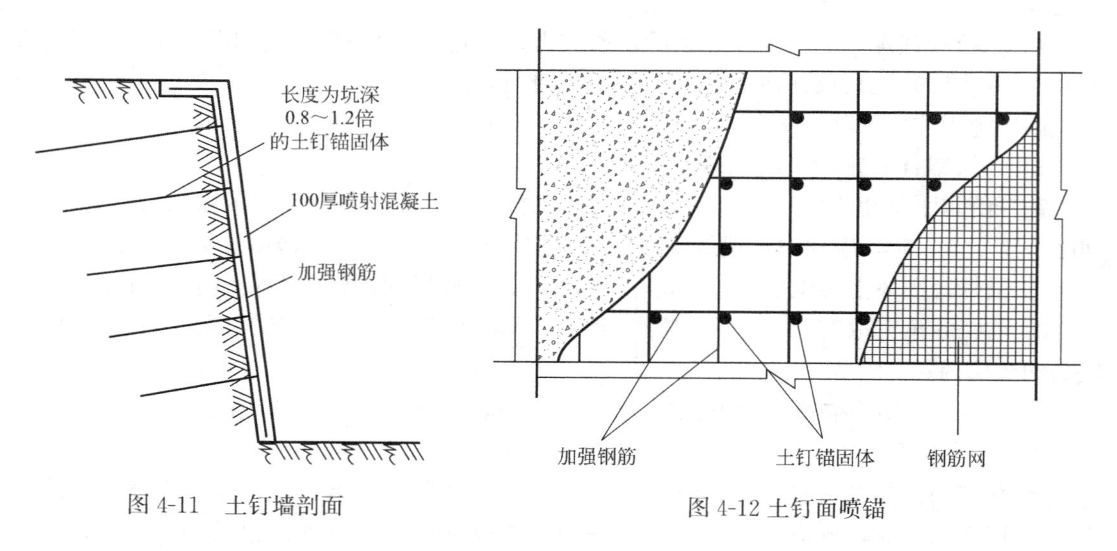

图 4-11　土钉墙剖面

图 4-12 土钉面喷锚

(3) 施工工艺

土钉墙支护施工工艺：开挖工作面→钻孔→杆体组装、安放→绑扎钢筋网→喷射混凝土护面→养护，如图 4-14 所示。

(4) 施工要点

1) 钻孔

① 钻孔机具的选择必须满足土钉墙的钻孔要求，坚硬黏土和不易塌孔的土层，可以选用地质钻机、螺旋钻机和土锚专用机，也可使用洛阳铲人工成孔，如图 4-15 所示。

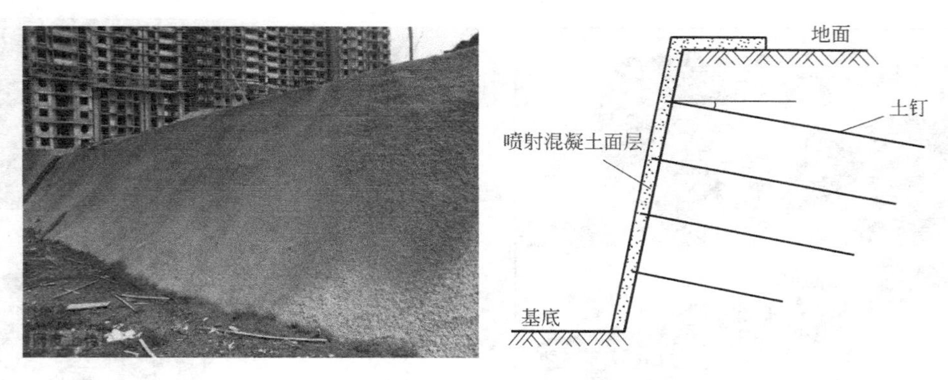

图 4-13　土钉墙支护

(a)　(b)　(c)　(d)

图 4-14　土钉墙支护施工

(a) 钻孔；(b) 杆体组装、安放；(c) 绑扎钢筋网；(d) 喷射混凝土护面

② 钻孔前必须进行定位，其水平向误差 100mm，垂直向误差 50mm，倾角误差小于 3°。

③ 成孔注浆土钉的成孔直径宜为 70～120mm。

④ 对于深度大于 4m 的基坑，土钉长度不宜小于 6m；对于深度不大于 4m 的基坑，土钉长度不宜小于 4m。

2）杆体组装、安放

① 成孔注浆土钉杆体宜选用螺纹钢筋，钢筋直径宜为 16～32mm。

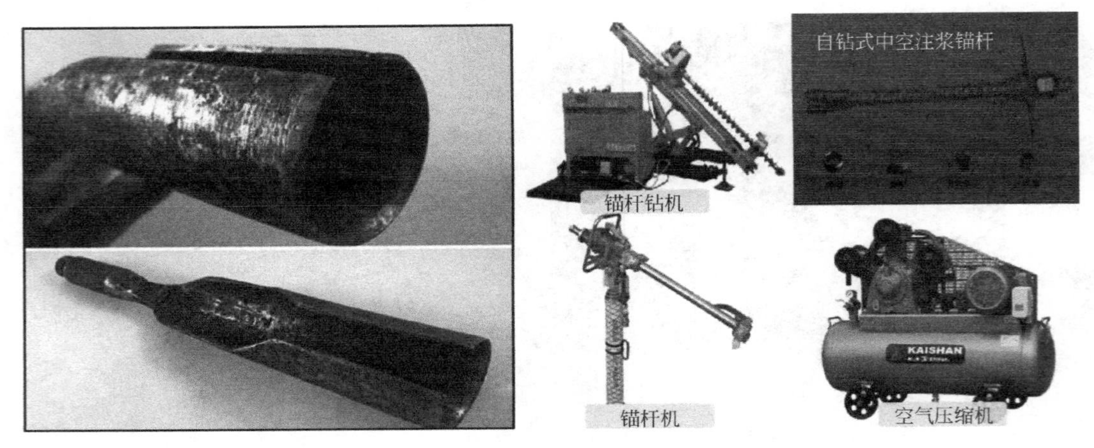

图 4-15　洛阳铲与锚杆施工机具

② 钢筋应平直、除油、除锈。

③ 沿土钉长度每隔 1.5～2.5m 应设置对中定位支架。

④ 钢管土钉接长宜采用帮条焊，接头强度不应低于管身材料强度。

3）注浆

① 注浆材料宜选用早强水泥或普通硅酸盐水泥，掺入早强剂，水灰比宜为 0.45～0.55，打入式钢管注浆土钉的水灰比可选用较大值。

② 注浆应搅拌均匀，随拌随用，在初凝前浇筑完毕。

③ 注浆前、终止或中途停留时间较长时，应用水冲洗、润滑注浆泵及管路。

④ 注浆管应随杆体同时插入孔内，管口距孔底为 50～100mm。

⑤ 注浆后，视孔内情况进行 1～2 次补浆。

4）面层挂网

① 宜采用钢筋网喷射混凝土面层。钢筋直径宜为 6～10mm，间距宜为 150～250mm，并经过冷拉加工，双向配筋交叉点应隔点点焊或绑扎。

② 挂网时，根据边坡坡度、土层情况，每平方米用 2～3 根短钢筋固定在边坡上，每一片网与四周要搭接。

③ 在钢筋网外侧的土钉头上，焊加强筋及承压筋。

5）面层混凝土施工

① 施工设备使用混凝土喷射机；喷射混凝土作业必须分片分段依次进行，喷射顺序自下而上。两次喷射作业应有一定的时间间隔；喷射机应密封良好，输料连续、均匀。

② 喷射机操作工应按规程操作；喷射操作工应经常保持喷头有良好的工作性能，喷头与受喷面应垂直，宜保持 0.6～1.0m 的距离。

③ 边坡有明显出水点时，应埋设导管排水。

④ 面层喷射混凝土强度等级不宜低于 C20。

⑤ 喷射混凝土面层厚度宜为 80～120mm。

⑥ 夏期施工时，应注意混凝土面喷水养护。冬期施工时，混合料进入喷射机的气温不应低于 5℃，在喷射混凝土强度低于设计强度等级的 30%时，不得受冻。

（5）施工注意事项

1）土钉墙墙面宜适当放坡，坡度应经技术经济比较后确定；土钉墙的墙面坡度不宜大于1：0.2。

2）单根土钉长度宜为开挖深度的0.8～2.0倍，土钉水平间距及排距可按工程经验初步确定，宜为1.0～2.0m；土钉与水平面夹角宜为5°～20°。

3）注浆材料水泥浆或水泥砂浆，其强度不宜低于20MPa。

4）填土、软弱土及砂土等孔壁不易稳定的土层可选用打入式钢管注浆土钉。

5）钢管土钉的钢管外径不宜小于48mm，壁厚不宜小于3.0mm，钢管的注浆孔应设置在钢管末端$l/2$～$2l/3$范围内，注浆孔孔径宜为5～8mm，注浆孔外应设置保护倒刺。

6）当地下水位高于基坑底面时，应采取降水或截水措施；土钉墙墙顶应采用砂浆或混凝土护面，坡顶和坡脚应设排水措施，坡面上可根据具体情况设置泄水孔。

7）土钉之间应设置通长水平加强钢筋，加强筋宜为两根直径不小于16mm的钢筋。

8）喷射混凝土面层与土钉应连接牢固，可在土钉杆体端部两侧接钉头筋。

知识链接

锚杆和土钉支护结构工程质量验收按照《建筑地基基础工程施工质量验收标准》GB 50202—2018进行，具体见表4-3。

土钉墙质量验收标准　　表4-3

项目	序号	检查项目	允许偏差或允许值		检查方法
			单位	数值	
主控项目	1	抗拔承载力	不小于设计值		土钉抗拔试验
	2	土钉长度	不小于设计值		用钢尺量
	3	分层开挖厚度	mm	±200	水准测量或用钢尺量
一般项目	1	土钉位置	mm	±100	用钢尺量
	2	土钉直径	不小于设计值		用钢尺量
	3	土钉孔倾斜度	°	≤3	测倾角
	4	水胶比	设计值		实际用水量与水泥等胶凝材料的重量比
	5	注浆量	不小于设计值		查看流量表
	6	注浆压力	设计值		检查压力表读数
	7	浆体强度	不小于设计值		试块强度
	8	钢筋网间距	mm	±30	用钢尺量
	9	土钉面层厚度	mm	±10	用钢尺量
	10	面层混凝土强度	不小于设计值		28d试块强度
	11	预留土墩尺寸及间距	mm	±500	用钢尺量
	12	微型桩桩位	mm	≤50	全站仪或用钢尺量
	13	微型桩垂直度	≤1/200		经纬仪测量

4. 钢板桩支护

当基坑较深、地下水位较高且未施工降水时，采用钢板桩作为支护结构，既可挡土、防水，还可防止流砂的发生，如图 4-16 所示。

(1) 特点

由于热轧钢板桩的生产工艺先进，锁口咬合紧密，截水性能好，因此在工程建设领域主要采用热轧钢板桩产品。

(2) 适用条件

钢板桩支护适用于地层为砂土、粉土、黏性土、局部淤泥及淤泥质土，且邻近无重要建（构）筑物或重要地下管线的基坑支护工程，当邻近有重要建（构）筑物或重要地下管线时，应完善打入和拔除过程的相关保护措施。

图 4-16　钢板桩支护

(3) 类型

钢板桩常用的截面形式主要分为 U 形、Z 形、W 形及 CAZ 组合型等，国内大多使用 U 形（拉森形）钢板桩。钢板桩有冷弯薄壁钢板桩和热轧钢板桩两种类型。

(4) 施工工艺

钢板桩施工工艺主要有安装导向架、入土和钢板桩相互连接、拔桩等主要过程，如图 4-17 所示。

(a)

(b)

图 4-17　钢板桩支护施工（一）

(a) U 形钢板桩；(b) 插打（打拔钢板桩机）

(c)

(d)

图 4-17　钢板桩支护施工（二）
（c）入土；（d）U形钢板桩相互连接

（5）主要施工技术点

1）钢板桩打入方法

钢板桩的打入方法主要有单根桩打入法、屏风式打入法和围檩打桩法。各种方式特点见表 4-4。

钢板桩打入方法特点　　表 4-4

序号	方法	定义	优点	缺点
1	单根桩打入法	将板桩一根根打入至设计标高	方便、快捷，不需要辅助支架	打设过程中桩体容易倾斜，误差积累后不易纠正
2	屏风式打入法	将 10～20 根钢板桩成排插入导架内，使之成屏风状，然后桩机来回施打，并使两端先打到要求深度，再将中间的钢板桩顺次打入	可以减少钢板桩倾斜误差积累，防止过大的倾斜，且施工完后易于合拢	施工速度慢，需搭设较高的施工桩架
3	围檩打桩法	在地面上一定高度处离轴线一定距离，先筑起单层或双层围檩架，而后将钢板桩依次在围檩中全部插好，待四角封闭合拢后，再逐渐按阶梯状将钢板桩逐块打至设计标高	能保证钢板桩墙的平面尺寸、垂直度和平整度，适用于精度要求高、数量不大的场合	施工复杂，施工速度慢，封闭合拢时需要异形桩

2）钢板桩的拔出

钢板桩拔出方法有冲击拔法、振动拔法、静力拔法。拔除钢板桩要研究拔除顺序、拔除时间以及桩孔处理方法。

① 对于封闭式钢板桩墙，拔桩的开始点宜离开角桩五根以上，必要时还可用跳拔的方法间隔拔除。拔桩的顺序一般与打设顺序相反。

② 拔桩会带土和扰动土层，尤其在软土层中可能会使基坑内已施工的结构或管道发生沉陷，并影响邻近已有建筑物、道路和地下管线的正常使用，对此必须采取有效措施。

③ 对拔桩造成的土层中的空隙要及时填实，可在振拔时回灌水或边振边拔并填砂，但有时效果较差。在控制地层位移有较高要求时，应考虑在拔桩的同时进行跟踪注浆。

5. 地下连续墙支护

地下连续墙是基础工程在地面上采用一种挖槽机械，沿着深开挖工程的周边轴线，在泥浆护壁条件下，开挖出一条狭长的深槽，清槽后，在槽内吊放钢筋笼，然后用导管法灌筑水下混凝土筑成一个单元槽段，如此逐段进行，在地下筑成一道连续的钢筋混凝土墙壁，作为截水、防渗、承重、挡水、挡土的支护结构，如图 4-18 所示。

地下连续墙施工

（1）特点

地下连续墙支护刚度大、强度高，可挡土、承重、截水、抗渗，可在狭窄场地施工。

图 4-18 地下连续墙支护

（2）适用条件

适用于开挖深度较大、地质条件复杂、基坑周边环境对支护结构变形控制要求严格的基坑支护工程。

（3）结构类型

1）按成墙方式可分为：桩排式、槽板式、组合式。

2）按墙的用途可分为：防渗墙、临时挡土墙、永久挡土（承重）、基础墙。

3）按墙体材料可分为：钢筋混凝土墙、塑性混凝土墙、固化灰浆墙、自硬泥浆墙、预制墙、泥浆槽墙、后张预应力墙、钢制墙。

4）按开挖情况可分为：地下挡土墙（开挖）、地下防渗墙（不开挖）。

（4）施工工艺

在挖基槽前先作保护基槽上口的导墙，用泥浆护壁，按设计的墙宽度与深度分段挖槽，放置钢筋骨架，用导管灌注混凝土置换出护壁泥浆，形成一段钢筋混凝土墙，逐段连续施工成为连续墙。主要施工工艺如图 4-19 所示。

地下连续墙施工

图 4-19　地下连续墙施工

(a) 导墙施工；(b) 导墙施工完；(c) 泥浆系统—泥浆池；(d) 成槽施工；
(e) 钢筋笼吊装；(f) 锁口管起拔；(g) 混凝土浇筑

(5) 施工要点

1) 导墙施工

在槽段开挖前，沿连续墙纵向轴线位置构筑导墙，采用混凝土结构，如图 4-20 所示。其主要作用是：保证地下连续墙设计的几何尺寸和形状；容蓄部分泥浆，保证成槽施工时液面稳定；承受挖槽机械的荷载，保护槽口土壁不破坏，并作为安装钢筋骨架的基准。

① 导墙深度宜为 1.5～2.0m，导墙顶面高出地面不应小于 100mm 且高出地下水位不应小于 1.5m，防止地表水流入影响泥浆质量。导墙底不能设在松散的土层或地下水位波动的部位。

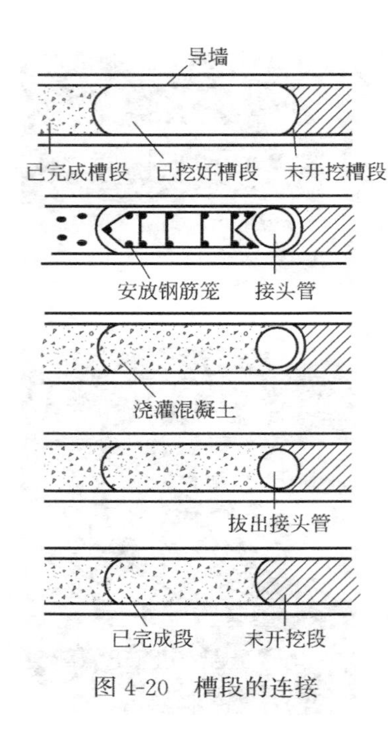

图 4-20　槽段的连接

② 导墙厚度不应小于 200mm，导墙内净宽宜比连续墙设计厚度大 40～60mm。

③ 墙面与纵轴线距离的允许偏差为±10mm，顶面标高允许偏差±20mm，导墙顶面应保持水平。

④ 导墙宜分段开挖和浇筑混凝土。

⑤ 应根据地下连续墙的平面位置进行导墙定位。地下连续墙兼作地下室外墙时导墙的平面位置可外放不超过 100mm。

⑥ 导墙的混凝土强度等级不宜低于 C20，达到设计强度的 75%时，方可进行成槽施工。

⑦ 导墙底面不宜设置在新近填土上，且埋深不宜小于 1.5m。

2）泥浆护壁

通过泥浆对槽壁施加压力以保护挖成的深槽形状不变，灌注混凝土把泥浆置换出来。

泥浆制备应选用膨润土或高塑性黏土，泥浆的作用是在槽壁上形成不透水的泥膜，从而使泥浆的静水压力有效地作用在槽壁上，防止地下水的渗水和槽壁的剥落，保持壁面的稳定，同时泥浆还有悬浮土渣和将土渣携带出地面的功能。

① 施工期间槽内的泥浆面应高出地下水位 1.0m 以上。

② 泥浆应根据施工机械、施工工艺及穿越土层情况进行配合比设计，泥浆的黏度和含砂率是决定性指标，决定了泥浆的密度、胶体率和失水量，目前泥浆检测主要是测试泥浆密度、黏度和含砂率三个指标。

3）成槽施工

地下连续墙的成槽设备应根据工程地质、场地环境、泥浆处理等条件合理确定，可选用液压抓斗、铣槽机、冲（钻）孔桩机等，如图 4-21（a）所示，当垂直度能满足设计要求时也可采用旋挖钻机，如图 4-21（b）所示。一般土质较软，深度在 15m 左右时，可选用普通导板抓斗；对密实的砂层或含砾土层可选用多头钻或加重型液压导板抓斗；在含有大颗粒卵砾石或岩基中成槽，以选用冲击钻为宜。

单元槽段的平面形状和槽段长度的确定应考虑地质条件、成槽工艺、开挖深度、结构受力特性以及基坑周边环境状况等因素，成孔数应为奇数，槽段长度宜为 4～8m。成槽后需静置 4h，并使槽内泥浆比重小于 1.3。

① 当邻近存在建筑物和重要管线时，从成槽结束到混凝土浇筑完成累计的槽壁暴露时间不宜超过 24h。

② 成槽中遇到斜孔、塌孔及泥浆流失等情况时，应停止施工，采取措施后方可继续施工。

③ 挖槽结束后，应检查槽深、槽壁垂直度，合格后方可进行清槽。

4）钢筋笼制作与吊放

① 钢筋笼宜整体加工，需分段时，可采用搭接接头，接头位置和长度应满足《混凝

(a)　(b)

图4-21　成槽设备

(a) 连续墙抓斗—成槽机；(b) 旋挖钻机

土结构设计规范》GB 50010的要求。

② 钢筋笼主筋交点应50%点焊，桁架处及吊点处应100%点焊。

③ 钢筋笼应设置定位垫块，垫块在垂直方向上的间距宜取3～5m，在水平方向上每层设置2～3块。

④ 采用两台起重机抬吊，主吊在上，副吊在下。

⑤ 钢筋笼应平稳入槽就位，如遇障碍，应重新吊起，查清原因，修正钢筋笼或修好槽壁后再就位，不应采用冲击、压沉等方法强行入槽。

5）水下灌注混凝土

采用导管法按水下混凝土灌注法浇筑混凝土，但在用导管开始灌注混凝土前为防止泥浆混入混凝土，可在导管内吊放一管塞，依靠灌入的混凝土压力将管内泥浆挤出。混凝土要连续灌注并测量混凝土灌注量及上升高度，所溢出的泥浆送回泥浆沉淀池。

水下混凝土浇筑应符合下列规定：

① 混凝土坍落度宜为18～22cm，配合比应通过试验确定。

② 相邻导管之间的水平距离不应大于3m，导管与槽段接头距离不应大于1.5m，导管下端与槽底距离宜为300～400mm。

③ 混凝土浇筑前导管内应放置隔水塞，初灌的埋管深度不应小于0.8m，导管埋入混凝土深度宜为2～4m，相邻导管混凝土面的高差应小于0.3m，混凝土顶面上升速度不宜小于3m/h。

④ 同一墙段有高低幅时，应先浇低幅至高幅底标高处，高幅再开塞与低幅一起浇筑。

⑤ 泛浆高度不应小于500mm。

6）墙段接头处理

地下连续墙是由许多墙段拼组而成，为保持墙段之间连续施工，接头采用锁口管工艺，即在灌注槽段混凝土前，在槽段的端部预插一根直径和槽宽相等的钢管，即锁口管，待混凝土初凝后将钢管徐徐拔出，使端部形成半凹榫状接状。也有根据墙体结构受力需要而设置刚性接头的，以使先后两个墙段连成整体。

知识链接

地下连续墙支护结构工程质量验收按照《建筑地基基础工程施工质量验收标准》GB 50202—2018 进行，具体见表 4-5。

地下连续墙成槽及墙体允许偏差　　表 4-5

项目	序号	检查项目		允许值		检查方法
				单位	数值	
主控项目	1	墙体强度		不小于设计要求		28d 试块强度或钻芯法
	2	槽壁垂直度	临时结构	≤1/200		20%超声波 2 点/幅
			永久结构	≤1/300		100%超声波 2 点/幅
	3	槽段深度		不小于设计值		测绳 2 点/幅
一般项目	1	导墙尺寸	宽度(设计墙厚+40mm)	mm	±10	用钢尺量
			垂直度	≤1/500		用线锤测
			导墙顶面平整度	mm	±5	用钢尺量
			导墙平面定位	mm	≤10	用钢尺量
			导墙顶标高	mm	±20	水准测量
	2	槽段宽度	临时结构	不小于设计值		20%超声波 2 点/幅
			永久结构	不小于设计值		100%超声波 2 点/幅
	3	槽段位移	临时结构	mm	≤50	钢尺 1 点/幅
			永久结构	mm	≤30	
	4	沉渣厚度	临时结构	mm	≤150	100%测强 2 点/幅
			永久结构	mm	≤100	
	5	混凝土坍落度		mm	80～220	坍落度仪
	6	地下连续墙表面平整度	临时结构	mm	±150	用钢尺量
			永久结构	mm	±100	
			预制地下连续墙	mm	±20	
	7	预制墙顶标高		mm	±10	水准测量
	8	预制墙中心位移		mm	≤10	用钢尺量
	9	永久结构的渗漏水		无渗漏、线流，且≤0.1L/(m^2·d)		现场检查

6. 内撑式支护

内支撑体系由冠梁、腰梁、支撑和支撑立柱组成，支撑体系应受力明确、结构稳定、连接可靠，并具有足够的刚度，如图 4-22、图 4-23 所示。由支护桩或墙和内支撑组成，适用于各种地基土层，缺点是内支撑会占用一

横撑式支护

定的施工空间。

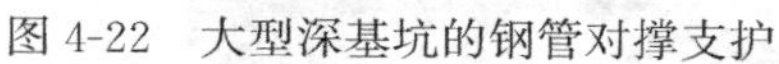
图 4-22　大型深基坑的钢管对撑支护

图 4-23　车站基坑钢管支护

内支撑的形式主要有对撑、角撑、拱形撑、桁架撑、斜撑等，支撑材料主要有钢筋混凝土、钢管和型钢等，如图 4-24 所示。

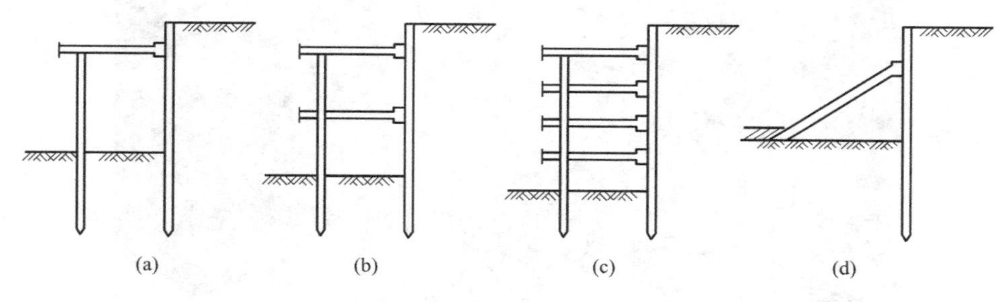

图 4-24　内撑式围护结构示意

当设多道内支撑时，由于基坑使用环境较差，第一道支撑受开挖过程的影响很大，故宜采用混凝土支撑（图 4-25）。

图 4-25　混凝土支撑

钢支撑适用于狭长或平面形状规则的基坑工程；混凝土支撑适用于基坑面积较大、形状较复杂的基坑工程。

（1）钢筋混凝土梁支撑

1）钢筋混凝土梁支撑（图 4-26）特点

优点：刚度大，变形小，适用范围广，不占用坑外空间。

缺点：① 影响地下室施工；

② 支撑系统庞大，工程量大，造价高。

图 4-26　钢筋混凝土梁支撑

2）钢筋混凝土梁支撑构造要求

① 混凝土强度等级不应低于 C25；

② 支撑构件的截面高度不宜小于其竖向平面内计算长度的 1/20；腰梁的截面高度（水平尺寸）不宜小于其水平方向计算跨度的 1/10，截面宽度（竖向尺寸）不应小于支撑的截面高度；

③ 支撑构件的纵向钢筋直径不宜小于 16mm，沿截面周边的间距不宜大于 200mm，箍筋直径不宜小于 8mm，间距不宜大于 250mm。

（2）钢支撑

钢支撑构件可采用钢管、型钢及其组合截面，如图 4-27～图 4-29 所示，主要优点：

基坑钢支撑

1）装拆方便、速度快；

2）能尽快发挥支撑作用，减少时间效应，使围护墙变形小；

3）可重复使用，多为租赁方式、专业化施工；

4）可以施加预应力，并能根据围护墙变形情况，及时调整预应力以限制围护墙变形的发展。

缺点：一次性投资很高。

图 4-27　钢管支撑

图 4-28　角撑

图 4-29　型钢支撑

4.2　基坑降水施工

在开挖基坑过程中，流入坑内的地下水和地表水如不及时排除，会使施工条件恶化、影响工程质量，亦会降低地基的承载力。如果造成边坡塌方，甚至会危及人身安全。

为保证土方施工顺利进行，就要做好基坑施降（排）水工作，即排除地面水和降低地下水。

基坑排水

4.2.1　基坑外地面排水

1. 对象

基坑外地面低洼区积水、雨水。

2. 要求

使场地保持干燥，便于施工。

3. 方法

设置排水沟、截水沟或修筑土堤等设施，将水直接排至场外，或流入低洼处再用水泵抽走。

4. 做法

主排水沟横断面不小于 0.5m×0.5m，纵向坡度根据地形确定，一般不小于 3‰。出水口应设置在远离建筑物或构筑物的低洼地点，并保证排水通畅。

4.2.2 基坑内降水

基坑内常用的降水方法有集水井降水法和井点降水法。

1. 集水井降水法

集水井降水法又称明沟排水法，是在基坑开挖过程中，沿坑底周围或中央开挖有一定坡度的排水沟，在坑底每隔一定距离设一个集水井，地下水通过排水沟流入集水井中，然后用水泵抽走，如图 4-30 所示。

集水井降水法适用于基坑不深、涌水量不大、坑壁土体比较稳定、不易产生流砂、管涌和坍塌的基坑工程。

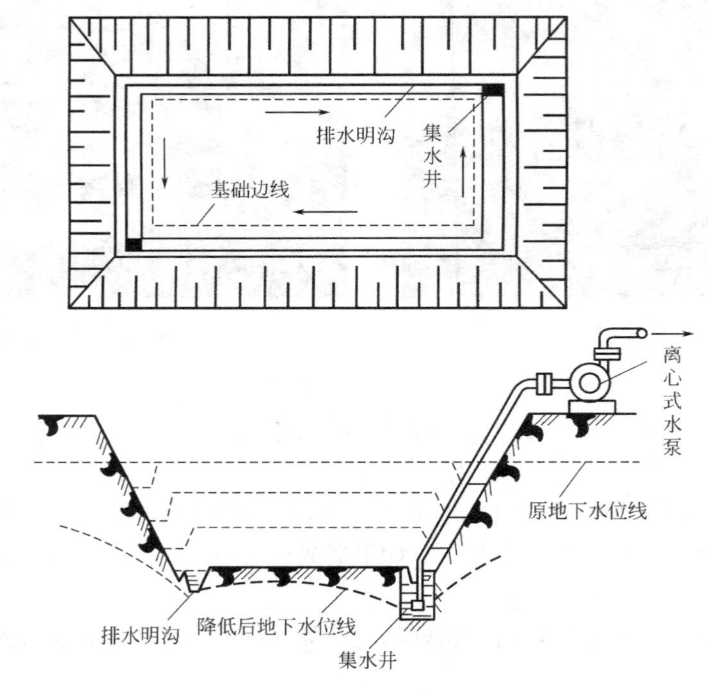

图 4-30 集水井降水法

（1）集水井的设置原则：

1）排水沟和集水井应沿基坑周边布置，排水沟和集水井边缘距离拟建建筑物基础外边线应不少于 0.4m，距离基坑侧壁边线不小于 0.3m。集水井宜在基坑四角或坑边每隔 30～40m 布设一个。

2）排水沟的横断面不小于 0.3m×0.3m，纵向坡度宜为 2‰～5‰。

3）集水井底应比排水沟底低 0.5～1.0m，集水井直径（或宽度）宜为 0.7～1.0m，井底宜铺一层 0.3m 厚碎石作为反滤层。

4）集水井深度随着挖土的加深而加深，并保持低于排水沟底0.5～1.0m。坑壁可用竹、木材料等简易加固。当基坑挖至设计标高后，集水井底应低于基坑底面1.0～2.0m，并铺设碎石反滤水层（0.3m厚）或下部砾石（0.1m厚）上部粗砂（0.1m）的双层反滤水层，以免由于抽水时间过长而将泥砂抽出，并防止坑底土被扰动。

（2）抽水设备：离心泵、潜水泵、污水泵。水泵的选型宜根据排水量大小及基坑深度确定。

（3）地表水水量较大时，基坑应在坑外设置截流、导流明沟等措施。

（4）开挖放坡且深度较大的基坑，可在放坡平台上设置多层明沟构成排水系统。

2.井点降水法

（1）井点降水原理

在基坑开挖前，预先在基坑四周埋设一定数量的滤水管（井），利用抽水设备从中抽水，使地下水位降落在坑底以下，连续抽水直至施工结束为止，如图4-31所示。

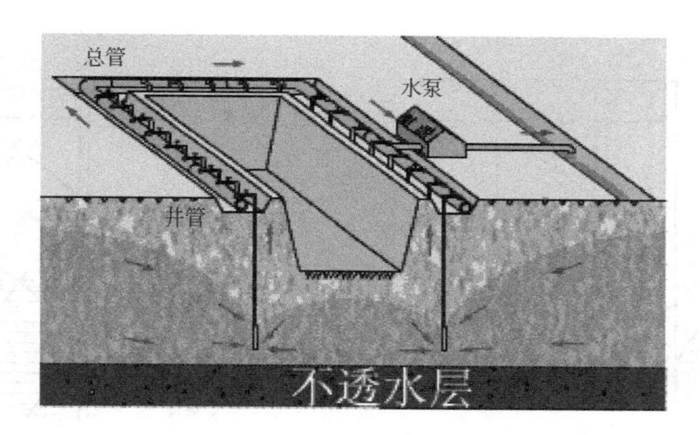

图4-31　井点管降水示意图

（2）井点降水的类型

井点降水的类型包括轻型井点、喷射井点、电渗井点、管井井点、深井井点等，以轻型井点和管井井点为例进行讲述。

降水井的类型及尺寸应根据基坑含水层的土层性质、渗透系数、厚度及地下水降深要求选用。可参照表4-6选择。

井点降水的类型　　**表4-6**

井点类型	土类	渗透系数(m/d)	水位降低深度(m)
单级轻型井点	填土、粉土、砂土、黏性土	0.1～20	＜6
多级轻型井点	填土、粉土、砂土、黏性土	0.1～20	＜20
喷射井点	填土、粉土、砂土、黏性土	0.1～20	＜20
电渗井点	黏性土	＜0.1	根据选用的井点确定
管井井点	粉土、砂土、碎石土、可溶岩	1～200	＞5
深井井点	粉土、砂土、碎石土、可溶岩	10～250	＞15
回灌井点	填土、粉土、砂土、碎石土	0.1～200	不限

(3) 井点降水的作用

1) 防止地下水涌入坑内，如图 4-32 (a) 所示；

2) 防止边坡由于地下水的渗流而引起的塌方，如图 4-32 (b) 所示；

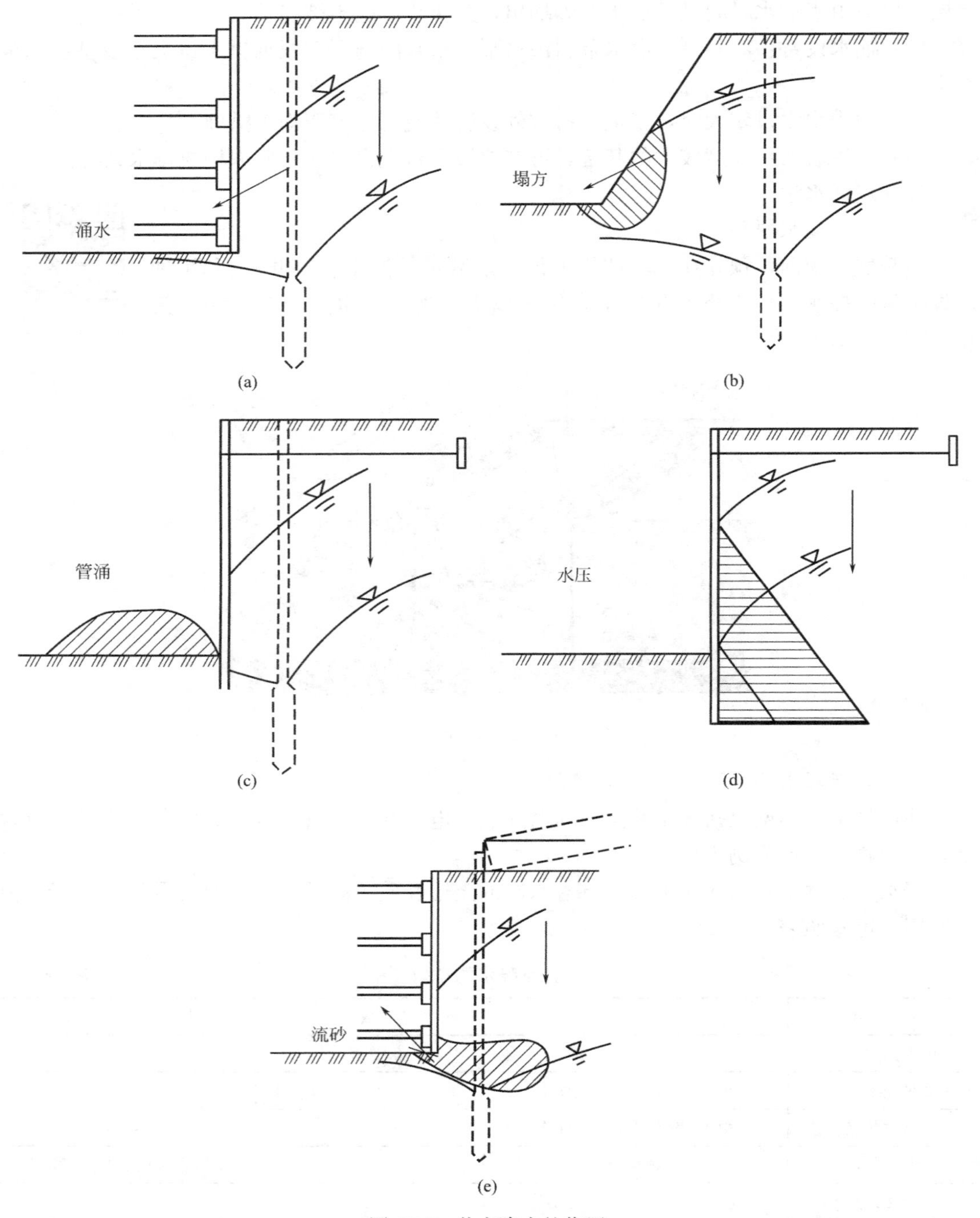

图 4-32　井点降水的作用

(a) 防止涌水；(b) 防止塌方；(c) 防止管涌；(d) 减少横向荷载；(e) 防止流砂

3）使坑底的土层消除了地下水位差引起的压力，因此防止了坑底的管涌，如图4-32（c）所示；

4）降水后，使板桩减少了横向荷载，如图4-32（d）所示；

5）消除了地下水的渗流，也就防止了流砂现象，如图4-32（e）所示；

6）降低地下水位后，还能使土壤固结，增加地基土的承载能力。

知识链接

1.流砂现象

地下水和地表水一样，在无其他外力作用条件下，也是由高水位向低水位流动的。这种流动的压力，称为动水压力。水位差越大，动水压力也越大；流经路线越长，则动水压力减小。在没开挖基坑的正常条件下，地下水在地下处于正常的流动状态，是一种动平衡状态。在开挖基坑后，因土压力减小，破坏了平衡状态，因而地下水会从基坑侧壁、坑底涌向基坑。

在细砂或粉砂土层的基坑开挖时，地下水位以下的土在动水压力的推动下极易失去稳定，随着地下水涌入基坑，称为流砂现象，如图4-33、图4-34所示。在采用集水坑降水法时，更易发生流砂现象。

图4-33　某地铁站基坑出现流砂

（地面下沉约1.5m，图为砂包封堵抢险现场）

2.流砂的危害

因砂随水一起流入基坑，基坑侧壁或坑底（地基）被掏空，造成侧壁塌方，坑底（地基）塌陷，破坏了建筑地基，如不采取其他措施就无法继续施工。

3.流砂的防治

（1）防治原则："治流砂必先治水"。流砂防治的主要途径：一是减小或平衡动水压力；二是截住地下水流；三是改变动水压力的方向。

（2）防治方法：

① 枯水期施工法：枯水期地下水位较低，基坑内外水位差小，动水压力小，就不易产生流砂。

② 打板桩：将板桩沿基坑打入不透水层或打入坑底面一定深度，可以截住水流或增加渗流长度、改变动水压力方向，从而达到减小动水压力的目的。

图 4-34　基坑流砂现象

③ 水中挖土：即不排水施工，使坑内外的水压相平衡，不致形成动水压力。如沉井施工，不排水下沉，进行水中挖土、水下浇筑混凝土。

④ 人工降低地下水位法：即采用井点降水法截住水流，不让地下水流入基坑，不仅可防治流砂和土壁塌方，还可改善施工条件。

⑤ 抢挖并抛大石块法：分段抢挖土方，使挖土速度超过冒砂速度，在挖至标高后立即铺竹、芦席，并抛大石块，以平衡动水压力，将流砂压住。此法适用于治理局部的或轻微的流砂。

此外，采用地下连续墙法、止水帷幕法、压密注浆法、土壤冻结法等，都可以阻止地下水流入基坑，防止流砂发生。

4.2.3　轻型井点降水施工

1. 轻型井点降水原理

轻型井点是沿基坑四周将井点管埋入蓄水层内，利用抽水设备将地下水从井点管内不断抽出，将地下水位降至基坑底以下（图 4-35）。适用于渗透系数为 0.1～50m/d 的土层中。降水深度为：单级井点 3～6m，多级井点 6～12m。

轻型井点降水

2. 轻型井点设备

图 4-35　轻型井点降水施工

轻型井点设备有管路系统和抽水设备，轻型井点设备工作原理，如图 4-36 所示。

（1）管路系统

管路系统包含井点管（滤管和直管）、弯联管、总管，滤管构造如图 4-37 所示。

（2）抽水设备

抽水设备有真空泵、射流泵、隔膜泵。

3. 轻型井点布置

轻型井点的布置应根据基坑的平面形状、

尺寸、深度、土质、地下水位高低与流向、降水深度要求等因素综合确定。

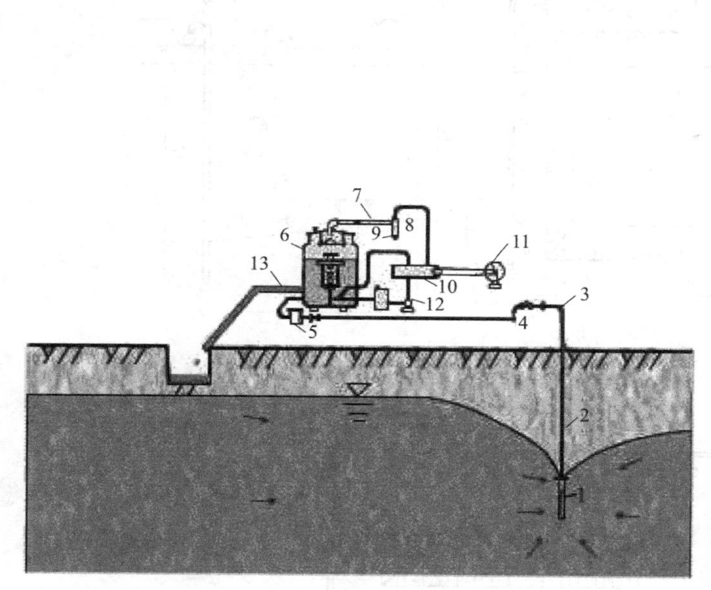

图4-36　轻型井点设备工作原理

1—滤管；2—井点管；3—弯管；4—集水总管；5—过滤室；6—水气分离器；7—进水管；8—副水气分离器；9—放水口；10—真空泵；11—电动机；12—循环水泵；13—离心水泵

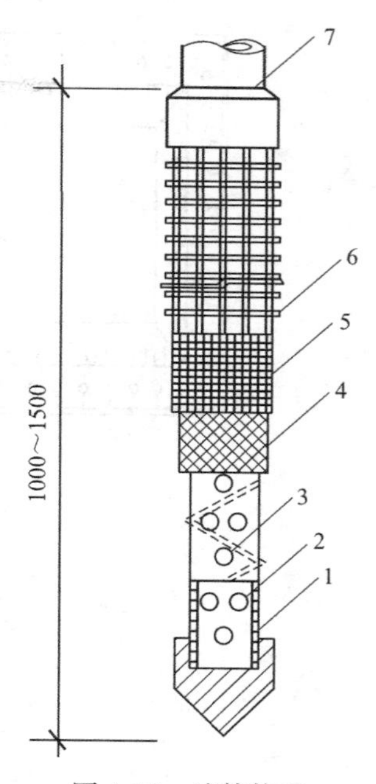

图4-37　滤管构造

1—钢管；2—滤孔；3—缠绕的塑料管；4—滤网；5—粗滤网；6—粗铁丝保护网；7—井点管铸铁头

（1）平面布置

1）当基坑或沟槽宽度小于6m，水位降低深度不超过5m时，可用单排线状井点布置在地下水流的上游一侧，两端延伸长度一般不小于沟槽宽度，如图4-38所示。

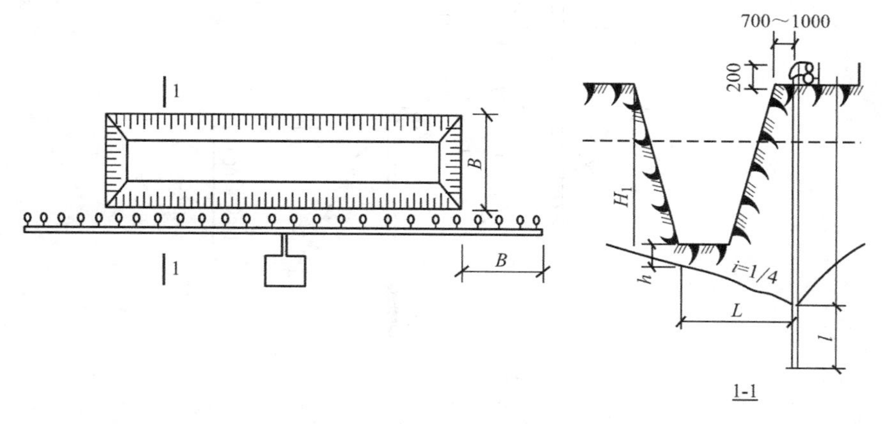

图4-38　单排线状井点的布置

2）如宽度大于6m或土质不定，渗透系数较大时，宜用双排井点，面积较大的基坑宜用环状井点，如图4-39所示；为便于挖土机械和运输车辆出入基坑，可不封闭，布置为U形环状井点，如图4-40所示。

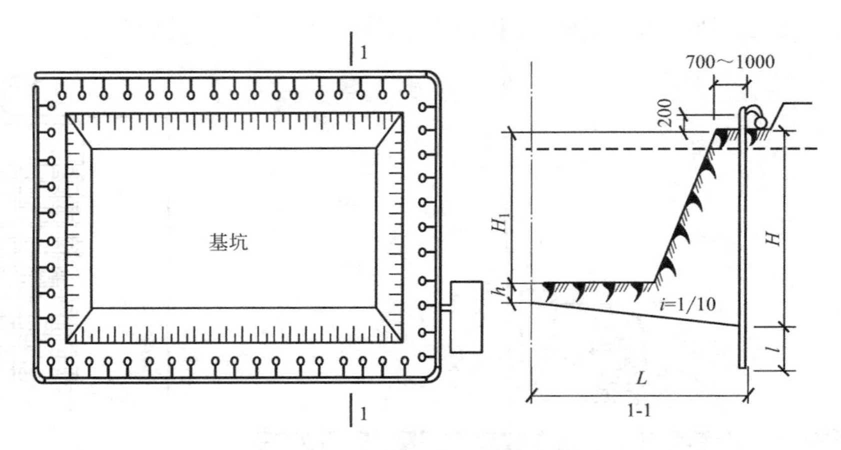

图 4-39　环形井点布置简图

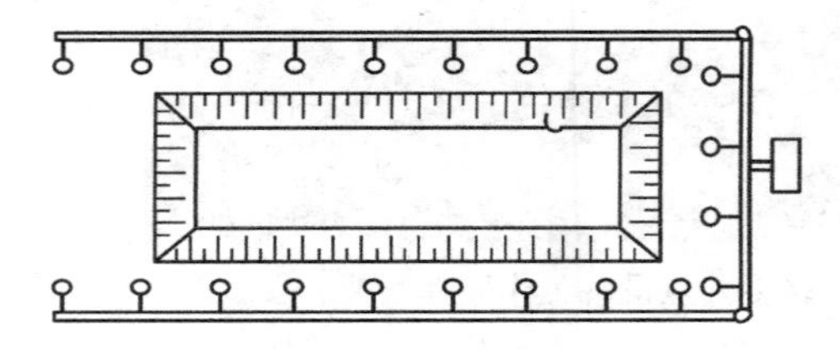

图 4-40　U 形井点布置示意图

采用双排、环形或 U 形布置时，位于地下水上游一排的井点间距应小些，下游井点的间距可大些。如采用 U 形布置，则井点管不封闭的一段应在地下水的下游方向。当一级井点系统达不到降水深度时，可采用二级井点，如图 4-41 所示。

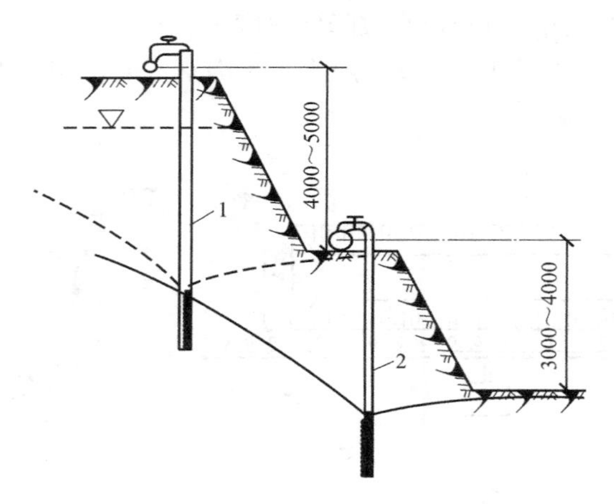

图 4-41　轻型井点二级井点布置示意图

轻型井点的滤水管位于底部，长度不宜小于 1.0m，滤水管以下应设沉砂管，长度不宜小于 1.5m。

(2) 高程布置

高层布置是指深度方向的布置。轻型井点的降水深度，考虑抽水设备的水头损失以后，一般不超过6m。具体布置时应参考井点管的标准长度及井点管露出地面的长度（约0.2～0.3m），而且必须保证滤水管设在透水层内。

井点管的埋设深度 H（不包括滤水管的长度），按下式计算：

$$H \geqslant H_1 + h_1 + iL$$

式中：H——井点管的埋设深度（m），如图4-42所示；

H_1——井点管埋设面至基坑底面的距离（m）；

h_1——基坑底面至降低后的地下水位线的距离，一般取0.5～1.0m；

i——水力坡度，单排布置取1/5～1/4，双排和环形井点布置取1/10；

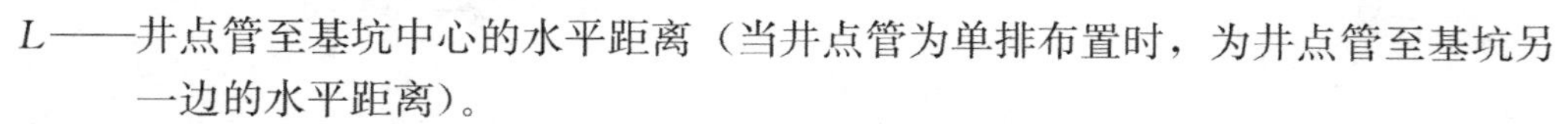

L——井点管至基坑中心的水平距离（当井点管为单排布置时，为井点管至基坑另一边的水平距离）。

图4-42　降水高层布置

H 算出后，要考虑到井管一般要露出地面0.2～0.3m左右。

4.轻型井点的施工要点

轻型井点的施工，主要包括准备工作及井点系统的埋设、安装、使用及拆除。

准备工作包括井点设备、动力、水源及必要材料准备，排水沟的开挖，附近建筑物的标高监测以及防止附近建筑沉降的措施等。

埋设井点的程序是：放线定位→打井孔→埋设井点管→安装总管→用弯联管将井点管与总管接通→安装抽水设备、试抽。

（1）轻型井点井孔常采用回转钻成孔法、水冲法或套管水冲法。水冲法施工分为冲孔和埋管两个过程，如图4-43所示。成孔直径一般为300～350mm，以保证井管四周有一定厚度的砂滤层，孔的深度宜超过滤管底0.5～1.0m，使滤管下有砂滤层。

（2）井孔成孔后，应立即居中插入井点管，并在井点管与孔壁之间迅速填灌砂滤层，以防孔壁塌土。砂滤层一般选用干净粗砂，要填灌均匀，并至少填至滤管顶部1～1.5m以上，以保证水流畅通。上部需用黏土封口，以防漏气。对于土质较差的地区，可以采用套管水冲法，它是用直径150～200mm钢管随冲水随下沉，沉至要求深度后插入井点管，并随填砂逐步拔出套管。

井点管的埋设

（3）井点系统全部安装完毕后，需进行试抽，以检查有无漏气现象。开始正式抽水后一般不应停抽。时抽时停，易堵塞滤网，也容易抽出土粒，使水混浊，并可能引起附近建筑物由于土粒流失而沉降开裂。抽水过程中应按时观测井中水位下降情况，随时调节离心泵的出水阀，控制出水量，保持水位面稳定在要求位置。

轻型井点使用过程的注意事项：

① 轻型井点运行后，应保证连续不断地抽水。

② 井点淤塞，一般可以通过听管内水流声响、手摸管壁感到有振动、手触摸管壁有冬暖夏凉的感觉等简便方法检查。

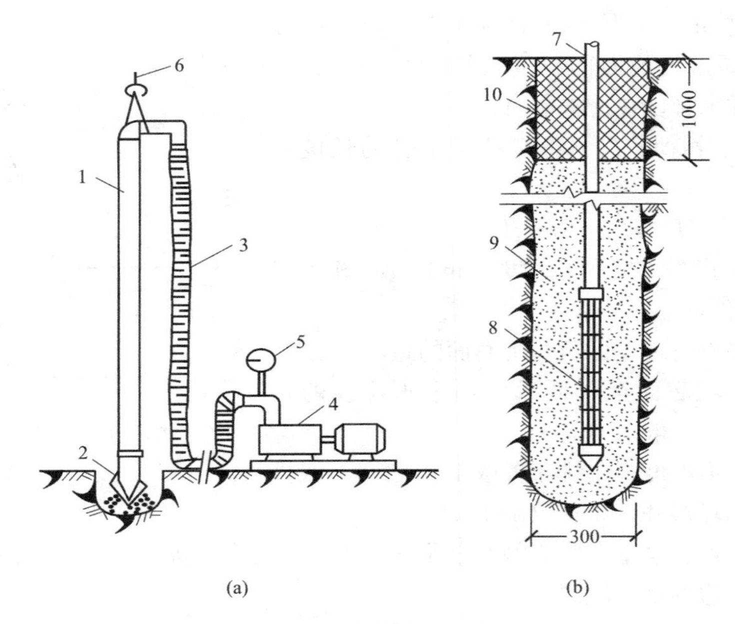

图 4-43 井点管的埋设

(a) 冲孔；(b) 埋管

1—冲管；2—冲嘴；3—胶皮管；4—高压水泵；5—压力表；6—起重机吊钩；7—井点管；8—滤管；9—填砂；10—黏土封口

③ 地下基础工程（或构筑物）竣工并进行回填土后，停机拆除井点排水设备。

4.2.4 管井井点降水法

管井井点是沿基坑周围每隔一定距离设置一个管井，每个管井单独设一台水泵不断地抽水，达到降低地下水位的目的。管井井点适用于土的渗透系数 $K \geqslant 20\text{m/d}$，地下水量大的土层中降水，如图 4-44、图 4-45 所示。

图 4-44 管井井点降水施工

1. 管井井点设备

管井井点设备主要由井管、吸水管或扬水管、水泵组成。管井可用钢管作井壁，也可

(a) (b) (c) (d)

图 4-45 管井井点降水施工

(a) 管井填充滤料；(b) 管井抽排水；(c) PVC 简易管井；(d) 管井井点降水

用混凝土管作井壁，如图 4-46 所示。管井井壁常采用直径为 150～250mm 的钢管，其滤水管采用钢筋焊接骨架外缠镀锌铁丝并包滤网（孔眼为 1～2mm），长度为 2～3m，滤管周围应设砂石滤层。混凝土井壁管内径为 400mm，分实壁管和过滤罐两种。下部滤水层内设过滤管，上部设实壁管。目前现场使用一种水泥石渣混凝土过滤管，每节管长约为 1m，全部井壁均采用这种滤管，泥沙也不会进入管内。过滤管的孔隙率为 20%～25%。

钢管管井可在地面上设离心水泵，井中设吸水管（管径为 50～100mm 的钢管，底部设逆水阀），吸水扬程一般为 6～7m。混凝土管井点可使用潜水泵和扬水管抽水（可用塑料管），最大扬程可达 25m。管井的间距一般为 20～50m，深度为 8～15m。井内水位降低达 6～10m，两井间水位降低 3～5m。

2. 施工工艺

管井井点降水施工工艺：井点测量定位→挖井口→安护筒→钻机就位→钻孔→回填井底砂垫层→吊放井管→回填井管与孔壁间的碎石过滤层→洗井→井管内下设水泵、安装抽水控制电路→试抽水→降水井正常工作→降水完毕拔井管→封井。

3. 管井井点施工要点

（1）降水井滤水管外缠绕铁丝作为架立骨架，在包裹滤网、井管与孔壁间回填滤料。轻型井点及射流管井井点距地表 2m 左右深度应用黏土或水泥砂浆封口。

（2）滤料宜选用磨圆度较好的硬质砂石，不宜采用石渣料、风化岩料或其他母岩为软质岩石的填料。滤料的厚度在粉细砂含水层中不宜小于 150mm，在中粗砂层中不宜小于

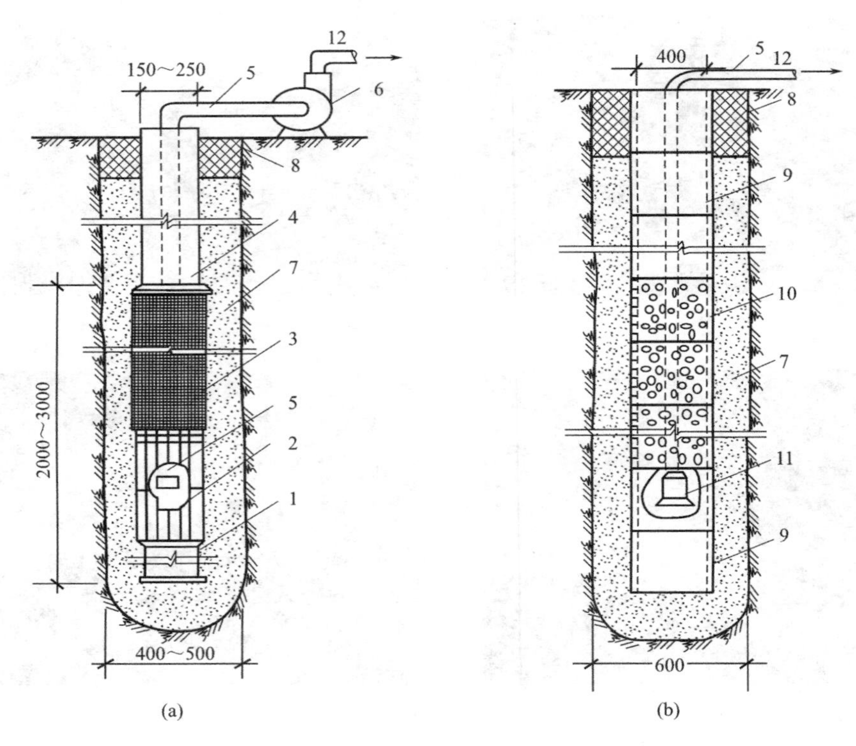

图 4-46　管井井点

（a）钢管管井；（b）混凝土管管井

1—沉砂管；2—钢筋焊接骨架；3—滤网；4—管身；5—吸水管；6—离心泵；7—小砾石过滤网；8—黏土风口；9—混凝土实管；10—无砂混凝土管；11—潜水泵；12—出水管

100mm，在碎石、卵石层中不宜小于 75mm；滤料的粒径一般为含水层土颗粒平均粒径的 6～8 倍。

（3）井管安装后应立即进行洗井，洗井后安装水泵进行单井试抽。单井试抽水量应大于设计水量，若抽水量及水位降深与设计不符，应及时调整施工工艺或降水方案。

（4）水泵型号应根据地下水降深和排水量大小确定，其抽水量应不小于设计值的 1.2 倍。

（5）基坑在降水期间，应监测地下水位、地表和周边建筑物沉降，发现异常现象应及时采取措施，必要时应停止抽水和采取截水措施。

当要求降水深度很大，而管井井点采用一般的离心泵或潜水泵已不能满足要求时，可采用深井井点降水法，它是利用深井泵放入井管内抽水，依靠水泵的大扬程抽水。降水深度可达 30m 以上。

4.2.5　基坑降水的影响及预防措施

1. 基坑降水的影响

基坑工程中对场区地下水处理采用排降法较阻挡法的最大缺陷是会引起邻近建筑物的不均匀沉降。

由于每个井点周围的水位降低是呈漏斗状分布，整个基坑周围的水位降落必然是近大远小呈曲面分布，如图 4-47 所示。水位降低一方面减小了土中地下水对地上建筑物的浮托力，使软弱土层受压缩而沉降；另一方面空隙水从土中排出，土体固结变形，本身就是压缩沉降过程。地面沉降量与地下水位降落量是对应的，地下水位降落的曲面分布必然引起邻近建筑物的不均匀沉降。当不均匀沉降达到一定程度时，邻近建筑物就会开裂、倾斜甚至倒塌。

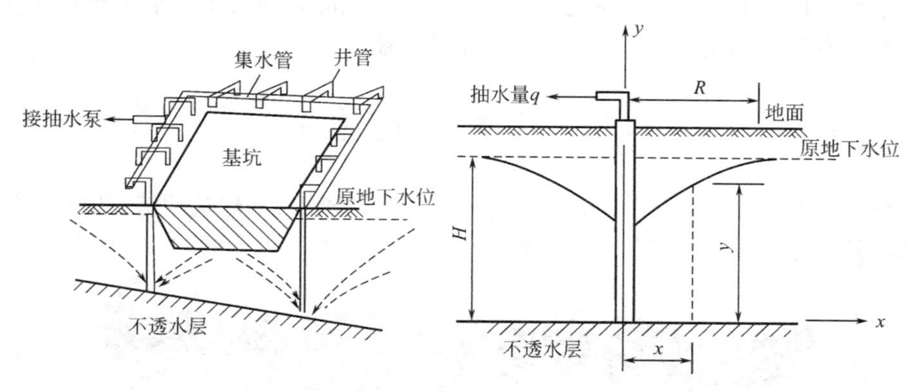

图 4-47　井点降水示意

2. 不均匀沉降预防措施

为配合基坑边坡支护进行降水设计和施工，必须高度重视降水对邻近建筑物的影响，把不均匀沉降限制在允许的范围内，以确保基坑及周围建筑物的安全。为此，可以从以下几方面制定减少不均匀沉降的措施。

（1）优选降水方案

由于基坑周围的水位降落曲线随降水要求、降水方法和具体方案的不同而差别较大，因此不要提出过高的降水深度，在满足基本降水要求的前提下，对各种降水方法应分析和比较，筛选最佳的降水方案。

（2）设置回灌井

在降水井点与重要建筑物之间设置回灌井、回灌沟，降水的同时将降水回灌其中，使靠近基坑的建筑物一侧地下水位降落大大减小，从而控制地面沉降，如图 4-48 所示。减

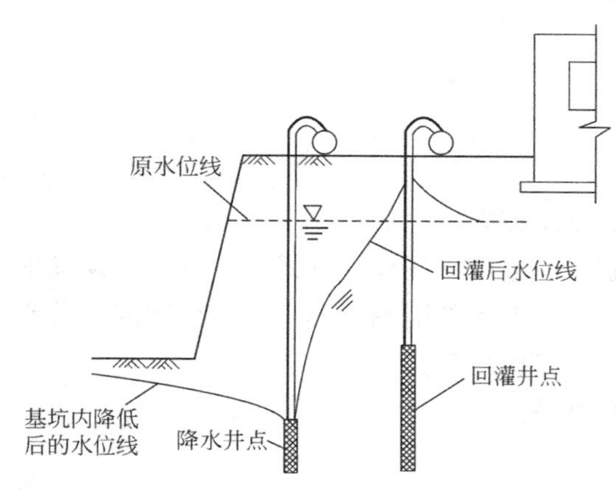

图 4-48　基坑降水回灌示意图

缓降水速度，使建筑物沉降均匀。在邻近建筑物一侧将井点间距加大以及调小抽水设备的阀门等，减小出水量以达到降水速度减缓的目的。

（3）控制地下砂土流失

提高降水工程施工质量，严格控制出水的含砂土量，以防止地下砂土流失掏空，导致地面建筑物开裂。布设观测井和沉降、位移、倾斜等观测点，进行定时观察、记录、分析，随时掌握水位降低和基坑周围建筑物变化动态。同时，还要了解抽水量和含砂量，做到心中有数，发现问题及时采取措施，预防事故发生。

4.3 基坑开挖施工

基坑开挖施工是建筑工程非常重要的施工之一，影响着上部建筑的施工质量，如图 4-49 所示。基坑开挖施工包括基坑施工工艺流程、基坑质量验收等方面内容。

图 4-49 大型工程基坑施工全景

基坑开挖之前，要按照土质情况、基坑深度以及周边环境确定支护方案，其内容应包括：放坡要求、支护结构设计、机械选择、开挖时间、开挖顺序、分层开挖深度、坡道位置、车辆进出道路、降水措施及监测要求等。

4.3.1 基坑开挖施工

1. 施工准备工作

（1）踏勘现场；

（2）熟悉图纸，编制施工方案；

（3）清除现场障碍物，平整施工场地，进行地下墓探，设置排水降水设施；

（4）永久性控制坐标和水准点的引测，建立测量控制网，设置方格网、控制桩等；

（5）搭设临时设施，修筑施工道路；

（6）施工机具、用料准备。

2. 边坡开挖

场地边坡开挖应采取沿等高线自上而下、分层、分段依次进行。在边坡上采取多台阶同时进行开挖时，上台阶应比下台阶开挖进深不少于 30m，以防塌方。

边坡台阶开挖，应做成一定坡势以利泄水。边坡下部设有护脚矮墙及排水沟时，在边坡修完后，应立即进行护脚矮墙和排水沟的砌筑和疏通，以保证坡面不被冲刷和坡脚范围内不积水。

3. 基坑开挖施工

在基坑开挖过程中应遵循“开槽支撑，先撑后挖，分层开挖，严禁超挖”的原则。

（1）基坑开挖施工工艺

基坑施工工艺流程：测量放线→切线分层开挖→排降水→修坡→整平→留足预留土层等。

相邻基坑开挖时应遵循先深后浅或同时进行的施工程序，挖土应自上而下水平分段分层进行，边挖边检查坑底宽度及坡度，每 3m 左右修一次坡，至设计标高再统一进行一次修坡清底。

（2）基坑开挖注意事项

基坑(槽)开挖

1）基坑开挖，上部应有排水措施，防止地表水流入坑内冲刷边坡，造成塌方和破坏基土。

2）基坑开挖，应进行测量定位、抄平放线，定出开挖宽度，根据土质和水文情况确定在四侧或两侧、直立或放坡开挖，坑底宽度应注意预留施工操作面。

3）应根据开挖深度、土体类别及工程性质等综合因素确定保持土壁稳定的方法和措施。

4）基坑开挖应防止对基础持力层的扰动。基坑挖好后不能立即进入下道工序时，应预留 15cm（人工）～30cm（机械）土不挖，待下道工序开始前再挖至设计标高，以防止持力层土壤被阳光曝晒或雨水浸泡。

5）在地下水位以下挖土，应在基坑内设置排水沟、集水井或其他施工降水措施，降水工作应持续到基础施工完成。

6）雨期施工时基坑槽应分段开挖，挖好一段浇筑一段垫层。

7）弃土应及时运出，在基坑槽边缘上侧临时堆土、材料或移动施工机械时，应与基坑上边缘保持 1m 以上的距离，以保证坑壁或边坡的稳定。

4.3.2　基坑质量验收

所有建（构）筑物基坑均应进行施工验槽。基坑开挖至基底设计标高并清理后应由施工单位自查后报验，由监理单位总监理工程师主持，建设单位、设计单位、勘察单位、施工单位、质量监督部门等有关人员共同到现场检查，合格后方能进行基础工程施工。

1. 基坑验槽的内容

（1）开挖平面位置、尺寸、标高、边坡是否符合设计要求。

基坑(槽)验收与检查

（2）观察槽壁、槽底土质类型、均匀程度和有关异常土质是否存在，核对基底土质及地下水情况是否与勘察报告相符，是否已挖至地基持力层，有无破坏原状土结构或发生较大扰动。

（3）检查核实分析钎探资料，对存在的异常点位进行复核检查。

（4）检查基槽内是否有旧建筑物基础、古井、墓穴、洞穴、地下掩埋物及地下人防工程等。

（5）经检查合格，填写基坑槽验收、隐蔽基坑槽验收、隐蔽工程记录，及时办理交接手续。

2. 基坑验槽的方法

验槽通常主要采用观察法为主，而对于基底以下的土层不可见部位，要辅以钎探法配合共同完成。

（1）观察法

1）观察槽壁、槽底的土质情况，验证基槽开挖深度，初步验证基槽底部土质是否与勘察报告相符，观察槽底土质结构是否被人为破坏。

2）基槽边坡是否稳定，是否有影响边坡稳定的因素存在，如地下渗水、坑边堆载或近距离扰动等（对难于鉴别的土质，应采用洛阳铲等手段挖至一定深度仔细鉴别）。

3）基槽内有无旧的房基、洞穴、古井、掩埋的管道和人防设施等。如存在上述问题，应沿其走向进行追踪，查明其在基槽内的范围、延伸方向、长度、深度及宽度。

4）在进行直接观察时，可用袖珍式贯入仪作为辅助手段。

（2）钎探法

钎探法钢钎的打入分人工和机械两种。

1）人工打钎：将钎尖对准孔位，一人扶正钢钎，一人站在操作凳子上，用大锤打钢钎的顶端；锤举高度一般为50cm，自由下落，将钎垂直打人土层中，如图4-50所示，也可使用穿心锤打钎。

2）机械打钎：将触探杆尖对准孔位，再把穿心锤套在钎杆上，扶正钎杆，利用机械动力拉起穿心锤，使其自由下落，锤距为50cm，把触探杆垂直打入土层中，如图4-51所示。

图4-50 人工钎探示意图

图4-51 机械打钎

钎杆每打入土层30cm时，记录一次锤击数。钎探深度以设计为依据；如设计无规定时，一般深度为2.1m。钎探后的孔要用砂灌实。

拔钎、移位时用麻绳或钢丝将钎杆绑好，留出活套，套内插入撬棍或钢管，利用杠杆原理，将钎拔出。每拔出一段将绳套往下移一段，依此类推，直至完全拔出为止；将钎杆或触探器搬到下一孔位，以便继续拔钎。

钎探后的孔要用砂灌注。打完的钎孔，经过质量检查人员和有关工长检查孔深与记录无误后，用盖孔块盖住孔眼。当设计、勘察和施工方共同验槽办理完验收手续后，方可灌孔。

验槽时应重点观察柱基、墙角、承重墙下或其他受力较大部位；如有异常部位，要会同勘察、设计等有关单位进行处理。

知识链接

当基坑（槽）遇到以下情况须延迟验槽，慎重处理。

1. 无法验槽的情况

（1）基槽底面与设计标高相差太大；

（2）基槽底面坡度较大，高差悬殊；

（3）槽底有明显的机械车辙痕迹，槽底土扰动明显；

（4）槽底有明显的机械开挖、未加人工清除的沟槽、铲齿痕迹；

（5）现场没有详勘阶段的岩土工程勘察报告或基础施工图和结构总说明。

2. 推迟验槽的情况

（1）设计所使用的承载力和持力层与勘察报告所提供的不符；

（2）场地内有软弱下卧层而设计方未说明相应的原因；

（3）场地为不均匀场地，勘察方指出需要进行地基处理而设计方未进行处理。

4.3.3　基坑工程现场监测

1. 基坑工程现场监测的主要内容

（1）支护结构

1）支护结构成型质量；

2）冠梁、支撑、围檩有无裂缝出现；

3）支撑、立柱有无较大变形；

4）止水帷幕有无开裂、渗漏；

5）墙后土体有无沉陷、裂缝及滑移；

6）基坑有无涌土、流砂、管涌。

（2）施工工况

1）开挖后暴露的土质情况与岩土勘察报告有无差异；

2）基坑开挖分段长度及分层厚度是否与设计要求一致，有无超长、超深开挖；

3）场地地表水、地下水排放状况是否正常，基坑降水、回灌设施是否运转正常。

（3）基坑周边环境

1）地下管道有无破损、泄露情况；

2）周边建（构）筑物有无裂缝出现；

3）周边道路（地面）有无裂缝、沉陷；

4）邻近基坑及建（构）筑物的施工情况。

（4）监测设施

1）基准点、测点完好状况；

2）有无影响观测工作的障碍物；

3）监测元件的完好及保护情况。

当出现下列情况之一时，应加强监测，提高监测频率，并及时向委托方及相关单位报告监测结果：

1）监测数据达到报警值；

2）监测数据变化量较大或者速率加快；

3）存在勘察中未发现的不良地质条件；

4）超深、超长开挖或未及时加撑等未按设计施工；

5）基坑及周边大量积水、长时间连续降雨、市政管道出现泄漏；

6）基坑附近地面荷载突然增大或超过设计限值；

7）支护结构出现开裂；

8）周边地面出现突然较大沉降或严重开裂；

9）邻近的建（构）筑物出现突然较大沉降、不均匀沉降或严重开裂；

10）基坑底部、坡体或支护结构出现管涌、渗漏或流砂等现象；

11）基坑工程发生事故后重新组织施工；

12）出现其他影响基坑及周边环境安全的异常情况。

当有危险事故征兆时，应实时跟踪监测。

2.基坑工程监测总结报告

基坑工程监测总结报告的内容应包括：

（1）工程概况；

（2）监测依据；

（3）监测项目；

（4）测点布置；

（5）监测设备和监测方法；

（6）监测频率；

（7）监测报警值；

（8）各监测项目全过程的发展变化分析及整体评述；

（9）监测工作结论与建议。

总结报告应标明工程名称、监测单位、整个监测工作的起止日期，并应有监测单位章及项目负责人、单位技术负责人、企业行政负责人签字。

基坑安全生产标准化

【单元总结】

本单元内容包括基坑工程的支护结构施工、降排水工程施工及基坑开挖施工验收等内容。在学习本单元内容时，重点应掌握深基坑支护方法、轻型井点降水法、管井井点降水法、基坑降水对邻近建筑物的影响及预防措施。基坑工程施工时，严格按照有关的施工规范、规程做好基坑支护，排出地面水，降低地下水位，做好基坑施工验收，为土方开挖和基础施工提供良好的施工条件，这对加快施工进度、保证基坑施工质量和安全，具有十分重要的意义。

【思考及练习】

一、填空题

1. 基坑支护设计应规定其设计使用期限。基坑支护的设计使用期限不应小于________年。

2. 土层锚杆支护施工，锚杆主要分为________和________两种锚杆。

3. 降低地下水位的方法分为________和井点降水法。

4. 宽度大于6m或土质不定，渗透系数较大时，宜用________井点，面积较大的基坑宜用环状井点；为便于挖土机械和运输车辆出入基坑，可不封闭，布置为________状井点。

5. 采用双排、环形或U形布置时，位于地下水________一排的井点间距应小些，________井点的间距可大些。

6. 需降水深度较大，可采用深井井点，适用于降水深度大于________m、渗透系数为________m/d的基坑，故称为“深井泵法”。

7. 流砂防治原则：“____________________________________”。

8. 基坑工程中对场区地下水处理采用排降法较阻挡法的最大缺陷是会引起邻近建筑物的________。

9. 在基坑开挖过程中应遵循“开槽支撑，________，分层开挖，________”的原则。

10. 基坑施工工艺流程：________→切线分层开挖→排降水→________→整平→留足预留土层等。

二、单选题

1. 对松散、湿度大的土可用连续式水平挡土板支撑，挖土深度可达（　　）。对松散和湿度很高的土可用垂直挡土板式支撑，其挖土深度不限。

A. 3m　　B. 5　　C. 10m　　D. 2m

2. 深基坑工程为开挖深度超过（　　）的基坑（槽）的土方开挖、支护、降水工程。

A. 2m（含2m）　　B. 3m（含3m）

C. 5m（含5m）　　D. 10m（含10m）

3. 根据支护结构破坏后果选用支护结构的安全等级，安全等级为一级的基坑重要性系数为（　　）。

A. 1.1　　B. 1.0　　C. 0.9　　D. 1.3

4. 集水井降水法，集水井的设置错误的是（　　）。

A. 排水沟和集水井应设置在基础范围以内

B. 排水沟的横断面不小于0.3m×0.3m，纵向坡度宜为1‰～5‰

C. 集水井每隔20～30m设置一个，井底始终低于排水沟底0.5～1.0m

D. 当基坑挖至设计标高后，铺设碎石反滤水层（0.3m厚），防止坑底土被扰动

5. 当基坑或沟槽宽度小于（　　）m，水位降低深度不超过5m时，可用单排线状井点布置在地下水流的上游一侧，两端延伸长度一般不小于沟槽宽度。

A. 6　　B. 5　　C. 10　　D. 7

6. 人工打钎：将钎尖对准孔位，一人扶正钢钎，一人站在操作凳子上，用大锤打钢钎

的顶端；锤举高度一般为（　　）cm，自由下落，将钎垂直打入土层中。

A. 20　　B. 30　　C. 40　　D. 50

7. 钎杆每打入土层（　　）cm 时，记录一次锤击数。钎探深度以设计为依据；如设计无规定时，一般深度为 2.1m。钎探后的孔要用砂灌实。

A. 30　　B. 20　　C. 50　　D. 15

8. 喷射井点法适用于开挖深度较深、降水深度大于 8m，土渗透系数为（　　）的砂土。

A. 3～50m/d　　B. 0.1～3m/d

C. 2～5m/d　　D. 3～10m/d

9. 轻型井点单级井点降水深度为（　　）。

A. 6～15m　　B. 10～15m　　C. 6～12m　　D. 3～6m

10. 土层锚杆灌浆后，预应力锚杆还需张拉锁定。张拉锁定作业在锚固体及台座的混凝土强度达（　　）以上时进行。

A. 35MPa　　B. 25MPa　　C. 15MPa　　D. 20MPa

三、多选题

1. 造成基坑土壁塌方的原因主要有（　　）。

A. 边坡过陡　　B. 雨水渗入基坑

C. 地下水渗入基坑　　D. 边缘堆载过大

E. 遵守“从上至下、分层开挖；开槽支撑、先撑后挖”的原则

2. 横撑式土壁支撑根据挡土板的不同，分为（　　）两类。

A. 水平挡土板　　B. 垂直挡土板

C. 间断式　　D. 连续式

E. 斜拉式

3. 开挖前在基坑周围设置混凝土灌注桩，桩的排列有（　　），桩顶设置混凝土连系梁或锚桩、拉杆。

A. 斜拉式　　B. 间隔式　　C. 双排式　　D. 连续式

E. 地下连续墙

4. 土层锚杆的施工过程包括（　　）等工序。

A. 成孔　　B. 墙段接头处理

C. 安放拉杆　　D. 灌浆

E. 张拉锁定

5. 一般根据（　　）等因素确定井点降水的类型。

A. 便于施工　　B. 土的渗透系数

C. 降水深度　　D. 设备条件

E. 经济比较

6. 井点降水的作用包括（　　）。

A. 防止涌水　　B. 防止塌方

C. 防止管涌　　D. 防止流砂

E. 降低地基的承载力

7. 轻型井点降水法的抽水设备包括（　　）。

A. 粗铁丝保护网　　B. 真空泵

C. 射流泵　　D. 管路系统

E. 隔膜泵

8. 流砂防治的主要途径有（　　）。

A. 喷射井点降水　　B. 减小或平衡动水压力

C. 电渗井点降水　　D. 截住地下水流

E. 改变动水压力的方向

9. 为确保基坑及周围建筑物的安全，可以从（　　）制定减少不均匀沉降的措施。

A. 优选降水方案　　B. 控制地下砂土流失

C. 设置回灌井　　D. 呈漏斗状分布

E. 地下连续墙法

10. 基坑验槽的方法主要有（　　）。

A. 试验法　　B. 碾压法　　C. 环刀法　　D. 观察法

E. 钎探法

四、简答题

1. 钢管支撑的特点主要有哪些？

2. 基坑工程监测总结报告的内容应包括哪些内容？

3. 基坑开挖施工的准备工作主要有哪些内容？

4. 基坑支护应满足哪些功能要求？

5. 深基坑支护的基本要求有哪些？

教学单元5　浅基础工程

【教学目标】

1. 知识目标

能够说出浅基础的定义、组成；

能够阐述浅基础的分类及特点；

能够阐述砖基础的构造与施工流程；

能够阐述毛石砌体基础的构造；

能够清晰写出毛石砌体基础的施工流程；

能够阐述混凝土砌体基础的构造与施工流程；

能够说出钢筋混凝土基础的分类及特点；

能够阐述柱下独立基础构造与施工流程；

能够阐述墙下条形基础构造与施工流程；

能够阐述柱下条形基础构造与施工流程；

能够阐述筏形基础构造与施工流程。

2. 能力目标

能够识读独立基础施工图；

能够识读条形基础施工图；

能够识读筏形基础施工图；

具备简单施工质量问题的处理能力；

具备分析问题解决问题的能力；

具备沟通交流、团队协作能力。

【思维导图】

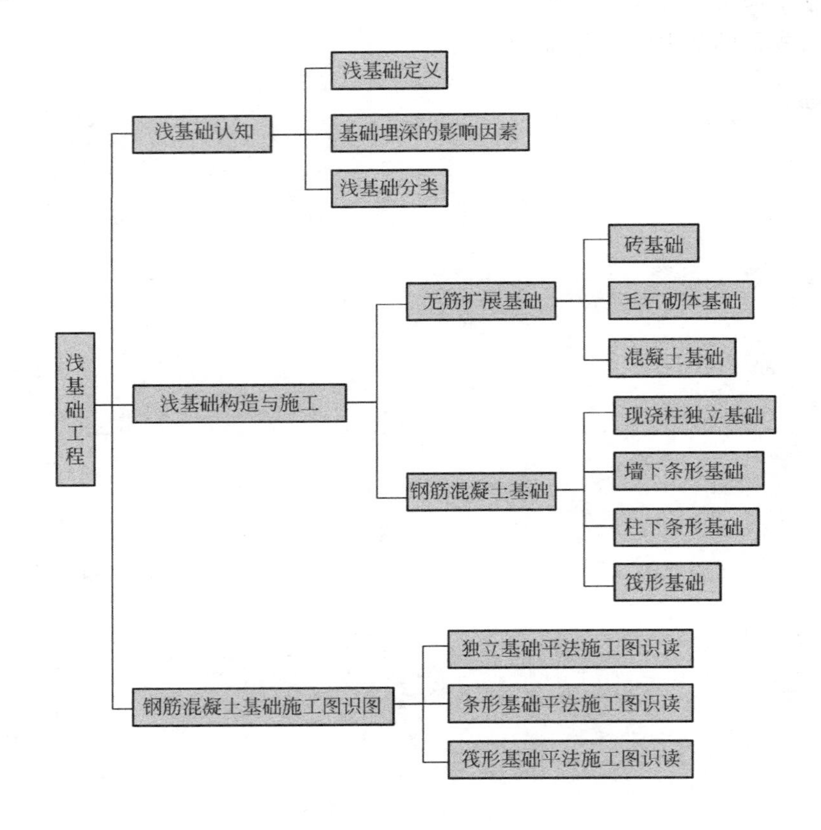

任何建筑物都建造在地层上，建筑物的全部荷载均由它下面的地层来承担。受建筑物荷载影响的那一部分地层称为地基；建筑物在地面以下并将上部荷载传递至地基的结构就是基础；基础上建造的是上部结构，如图5-1所示。基础底面至地面的距离，称为基础的埋置深度。直接支撑基础的地层称为持力层，在持力层下方的地层称为下卧层。地基基础是保证建筑物安全和满足使用要求的关键之一。

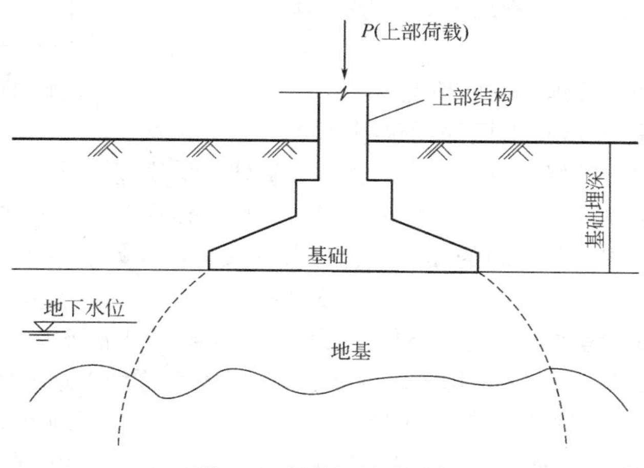

图5-1　地基与基础示意

基础的作用是将建筑物的全部荷载传递给地基。和上部结构一样，基础应具有足够的强度、刚度和耐久性。地基和基础是建筑物的根基，又属于地下隐蔽工程，它的勘察、设计和施工质量直接关系着建筑物的安危。在建筑工程事故中，地基基础方面的事故为最多，而且地基基础事故一旦发生，补救异常困难。从造价或施工工期上看，基础工程在建筑物中所占比例很大，有的工程可达30%以上。因此，地基及基础在建筑工程中的重要性是显而易见的。

5.1　浅基础认知

5.1.1　浅基础定义

基础埋深是指从设计室外地面至基础底面的深度，如图5-1所示。

通常将埋深不大（一般小于5m），只需经过挖槽、排水等普通施工工序就可以建造起来的基础统称为浅基础，例如柱下单独基础、墙下或柱下条形基础、交叉梁基础、筏形基础、箱形基础等。对于浅层土质不良，需要利用深处良好地层的承载能力，而采用专门的施工方法和机具建造的基础，称为深基础，例如桩基础、墩基础、地下连续墙等。

5.1.2　基础埋深的影响因素

基础埋置深，基底两侧的荷载大，地基承载力高，稳定性好；相反，基础埋置浅，工程造价低，施工期短。确定基础埋深，就是选择较理想的土层作为持力层，需要认真分析各方面的情况，处理好安全与经济这一矛盾。

一般来说，气候变化或树木生长导致的地基土胀缩以及其他生物活动有可能危害基础的安全，因而基础底面应到达一定的深度，除岩石地基外，不宜小于 0.5m。为了保护基础，一般要求基础顶面低于设计地面至少 0.1m，如图 5-2 所示。

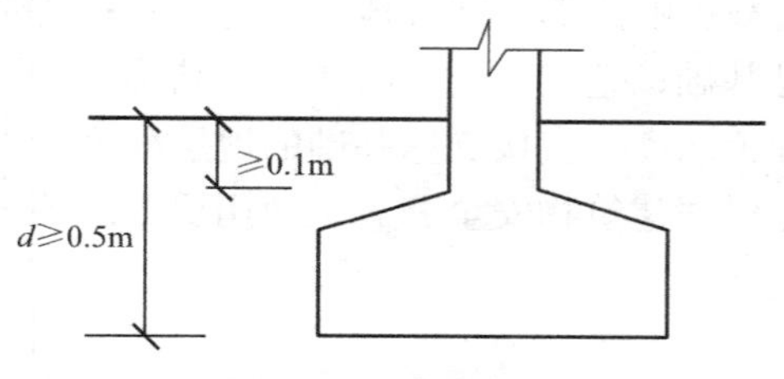

图 5-2　基础埋深的构造要求

影响基础埋置深度的因素较多，一般可从以下几方面考虑：

（1）工程地质条件及地下水的情况

工程地质条件是影响基础埋深的最基本条件之一。当地基上层土较好，下层土较软弱，则基础尽量浅埋；反之，上层土软弱，下层土坚实，则需要区别对待。当上层软弱土较薄，可将基础置于下层坚实土上；当上层软弱土较厚时，可考虑采用宽基浅埋的办法，也可考虑人工加固处理或桩基础方案。必要时，应从施工难易、材料用量等方面进行分析比较决定。

选择基础埋深时应考虑水文地质条件的影响。当基础置于潜水面以上时，无需基坑排水，可避免涌土、流砂现象，方便施工，设计上一般不必考虑地下水的腐蚀作用和地下室的防渗漏问题等。因此，在地基稳定许可的条件下，基础应尽量置于地下水位之上。当承压含水层埋藏较浅时，为防止基底因挖土减压而隆起开裂，破坏地基，必须控制基底设计标高。

（2）建筑物的有关条件

1）建筑功能

气候变化或树木生长导致的地基土胀缩以及其他生物活动有可能危害基础的安全，因而基础底面应到达一定的深度，除岩石地基外，不宜小于 0.5m。为了保护基础，一般要求基础顶面低于设计地面至少 0.1m。

当建筑物设有地下室时，基础埋深要受地下室地面标高的影响，在平面上仅局部有地下室时，基础可按台阶形式变化埋深或整体加深。当设计的工程是冷藏库或高温炉窑，其基础埋深应考虑热传导引起地基土因低温而冻胀或因高温而干缩的不利影响。

2）荷载效应

对于竖向荷载大，地震力和风力等水平荷载作用也大的高层建筑，基础埋深应适当增大，以满足稳定性要求，如在抗震设防区，高层建筑的箱形和筏形基础埋深宜大于建筑高度的 1/15；对于受上拔力较大的基础，应有较大的埋深以提供所需的抗拔力；对于室内地面荷载较大或有设备基础的厂房、仓库，应考虑对基础内侧的不利作用。

3）设备条件

在确定基础埋深时，需考虑给水排水、供热等管道的标高。原则上不允许管道从基础底下通过，一般可以在基础上设洞口，且洞口顶面与管道之间要留有足够的净空高度，以防止基础沉降压裂管道，造成事故。

（3）相邻建筑物基础的埋深

在城市房屋密集的地方，往往新旧建筑物紧靠在一起，为保证原有建筑物的安全和正常使用，新建建筑物的基础埋深不宜大于原有建筑物的基础埋深，并应考虑新加荷载对原有建筑物的不利影响。当新建建筑物荷重大、楼层高、基础埋深要求大于原有建筑物基础埋深时，新旧两基础之间应有一定的净距，如图 5-3 所示。一般可取相邻基础底面高差的

1～2 倍，即 $L \geqslant (1\sim2)\Delta H$。

当不能满足净距方面的要求时，应采取分段施工，或设临时支撑、打板桩、地下连续墙等措施，或加固原有建筑物地基。

（4）地基冻融条件的影响

如果基础埋于冻胀土内，当冻胀力和冻切力足够大时，就会导致建筑物发生不均匀的上抬，门窗不能开启，严重时墙体开裂；当温度升高解冻时，冰晶体融化，含水量增大，土的强度降低，使建筑物产生不均匀的沉陷。在气温低、冻结深度大的地区，由于冻害使墙体开裂的情况较多，应引起足够的重视。

为避开冻胀区土层的影响，基础底面宜设置在冻结线以下或在其下留有少量冻土层，以使其不足以给上部结构造成危害。《建筑地基基础设计规范》GB 50007 规定，基础的最小埋深为（图 5-4）：

$$d_{\min} = z_{\mathrm{d}} - h_{\max}$$

式中：z_{d}——设计冻深；

$h_{\max}$——基底下允许残留冻土层最大厚度，可按规范确定。

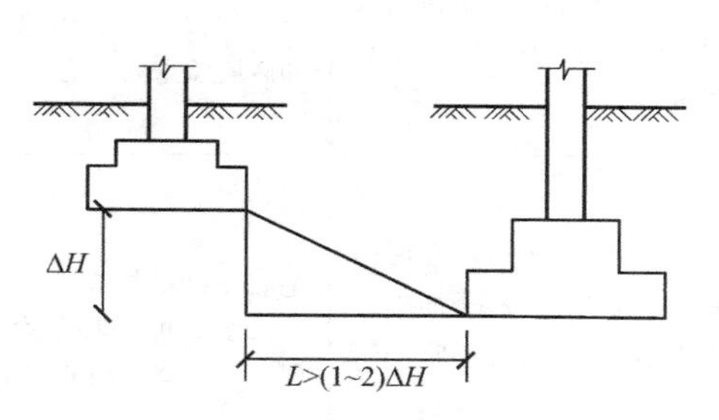

图 5-3　相邻建筑物基础埋深

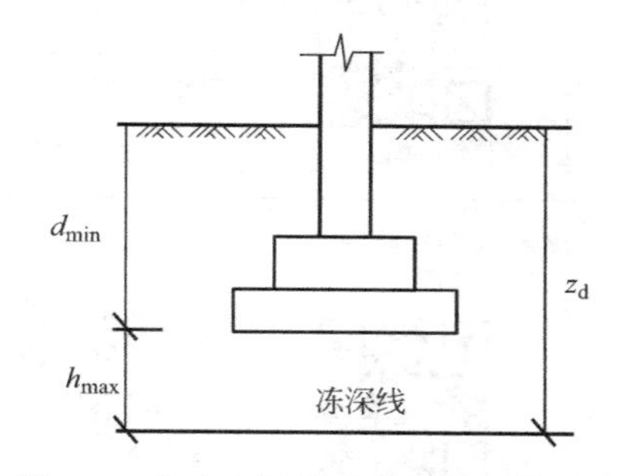

图 5-4　有冻土层的基础最小埋深确定

知识链接

在冻胀、强冻胀、特强冻胀地基土上，应采用下列防冻害措施：

（1）对在地下水位以上的基础，基础侧面应回填非冻胀性的中砂或粗砂，其厚度不应小于 10cm。对在地下水位以下的基础，可采用桩基础、自锚式基础（冻土层下有扩大板或扩底短桩）或采取其他有效措施。

（2）宜选择地势高、地下水位低、地表排水良好的建筑场地。对低洼场地，宜在建筑四周向外一倍冻深距离范围内，使室外地坪至少高出自然地面 300～500mm。

（3）防止雨水、地表水、生产废水、生活污水浸入建筑地基，应设置排水设施。在山区应设截水沟或在建筑物下设置暗沟，以排走地表水和潜水流。

（4）在强冻胀性和特强冻胀性地基上，其基础结构应设置钢筋混凝土圈梁和基础梁，并控制上部建筑的长高比，增强房屋的整体刚度。

（5）当独立基础连系梁下或桩基础承台下有冻土时，应在梁或承台下留有相当于该土层冻胀量的空隙，以防止因土的冻胀将梁或承台拱裂。

（6）外门斗、室外台阶和散水坡等部位宜与主体结构断开，散水坡分段不宜超过 1.5m，坡度不宜小于 3%，其下宜填入非冻胀性材料。

(7) 对跨年度施工的建筑，入冬前应对地基采取相应的防护措施；按采暖设计的建筑物，当冬季不能正常采暖，也应对地基采取保温措施。

5.1.3 浅基础分类

浅基础可按基础材料、构造形式及受力特点进行分类。

1. 按基础材料分类

基础应具有承受荷载、抵抗变形和适应环境影响的能力，即要求基础具有足够的强度、刚度和耐久性。选择基础材料，首先要满足这些技术要求，并与上部结构相适应。

常用的基础材料有砖、毛石、灰土、三合土、混凝土和毛石混凝土、钢筋混凝土等(表 5-1)。

按基础材料分类　　表 5-1

序号	项目	构造	适用范围
1	砖基础(图 5-5) 砖基础	砌体具有一定的抗压强度，但抗拉强度和抗剪强度低。砖基础所用的砖，强度等级不低于 MU7.5，砂浆不低于 M2.5。在地下水位以下或当地基土潮湿时，应采用水泥砂浆砌筑。在砖基础底面以下，一般应先做 100mm 厚的 C10 或 C7.5 的混凝土垫层	砖基础取材容易，应用广泛，一般可用于 6 层及 6 层以下的民用建筑和砖墙承重的厂房
2	毛石基础(图 5-6) 毛石基础	毛石是指未加工的石材。毛石基础采用未风化的硬质岩石，禁用风化毛石。由于毛石之间间隙较大，如果砂浆粘结的性能较差，则不能用于多层建筑，且不宜用于地下水位以下	毛石基础的抗冻性能较好，北方也用来作为 7 层以下的建筑物的基础
3	灰土基础(图 5-7) 灰土基础	灰土是用石灰和土料配制而成的。石灰以块状为宜，经熟化 1～2d 后过 5mm 筛立即使用。土料应用塑性指数较低的粉土和黏性土为宜，土料团粒应过筛，粒径不得大于 15mm。石灰和土料按体积配合比为 3∶7 或 2∶8 拌合均匀后，在基槽内分层夯实。灰土基础宜在比较干燥的土层中使用，其本身具有一定的抗冻性	在我国华北和西北地区，广泛用于 5 层及 5 层以下的民用建筑
4	三合土基础(图 5-7)	三合土是由石灰、砂和骨料(矿渣、碎砖或碎石)加水混合而成。施工时石灰、砂、骨料按体积配合比为 1∶2∶4 或 1∶3∶6 拌合均匀后再分层夯实	三合土的强度较低，一般只用于 4 层及 4 层以下的民用建筑
5	混凝土和毛石混凝土基础(图 5-8) 混凝土基础	混凝土基础的抗压强度、耐久性和抗冻性比较好，其混凝土强度等级一般为 C10 以上。这种基础常用在荷载较大的墙柱处。 如在混凝土基础中埋入体积占 25%～30%的毛石(石块尺寸不宜超过 300mm)，即做成毛石混凝土基础，可以节省水泥用量	强度比上述四种基础高，常用于荷载相对较大，地下水位以下时

续表

序号	项目	构造	适用范围
6	钢筋混凝土基础 （图 5-9、图 5-10） 钢筋混凝土基础	钢筋混凝土是基础的良好材料，其强度、耐久性和抗冻性都较理想。由于它承受力矩和剪力的能力较好，故在相同的基底面积下可减少基础高度。因此常在荷载较大或地基较差的情况下使用。 除钢筋混凝土基础外，上述其他各种基础属无筋基础。无筋基础的抗拉抗剪强度都不高，为了使基础内产生的拉应力和剪应力不过大，需要限制基础沿柱、墙边挑出的宽度，因而使基础的高度相对增加。因此，这种基础几乎不会发生挠曲变形，习惯上把无筋基础称为刚性基础，钢筋混凝土基础称为柔性基础	应用广泛，普遍采用

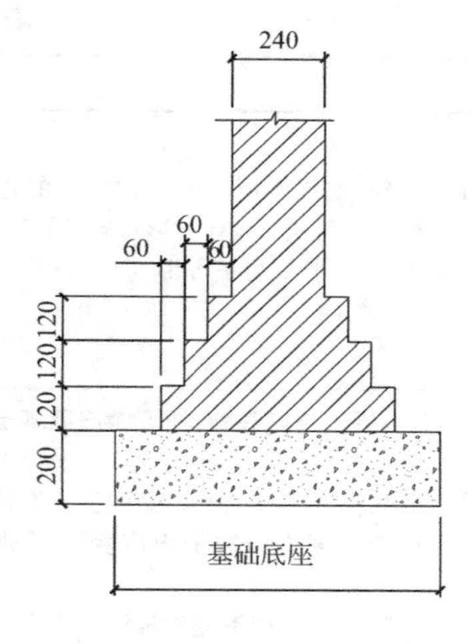

图 5-5　砖基础

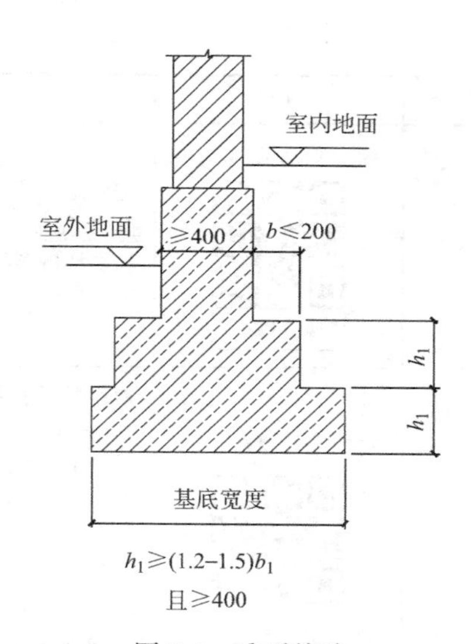

图 5-6　毛石基础

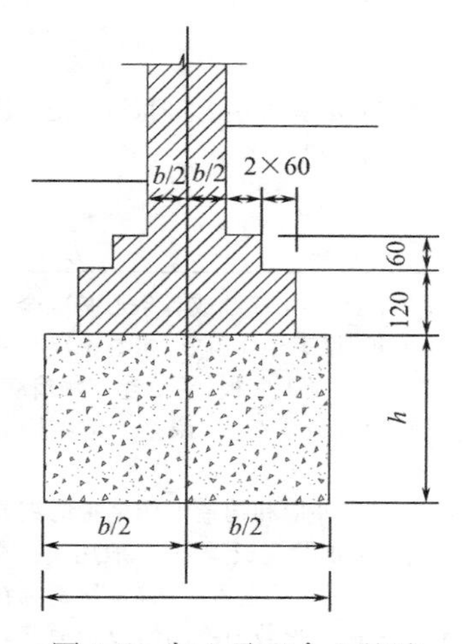

图 5-7　灰土及三合土基础

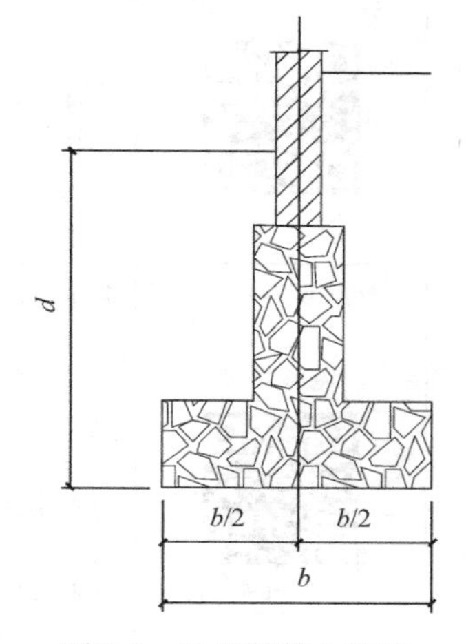

图 5-8　毛石混凝土基础

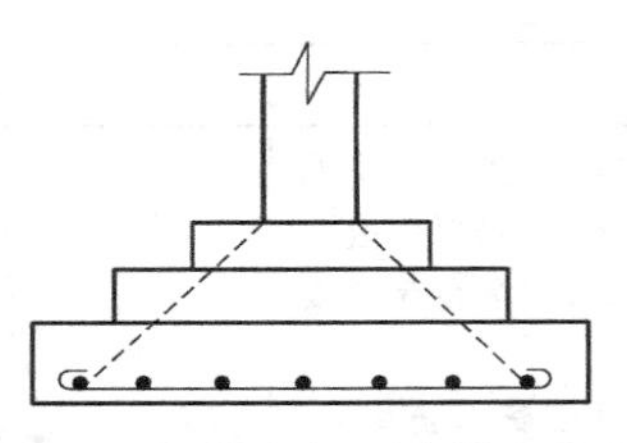

图 5-9　钢筋混凝土阶梯形基础

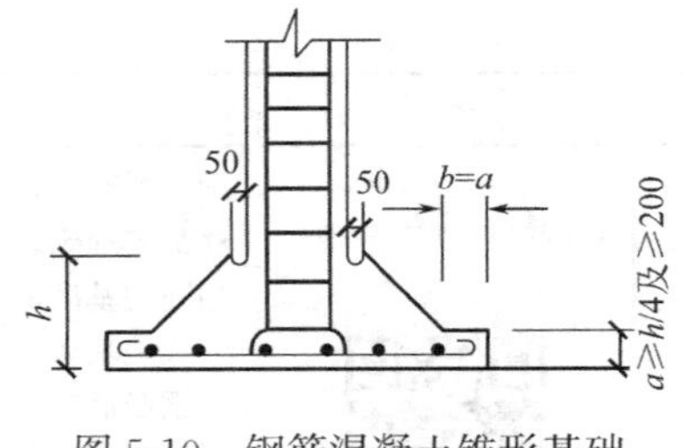

图 5-10　钢筋混凝土锥形基础

2. 按构造形式分

按构造形式，基础可分为独立基础、条形基础、柱下十字形基础、筏形基础、箱形基础和壳体基础等（表 5-2）。

按构造形式分　　　　**表 5-2**

序号	项目	构造
1	独立基础 独立基础	主要是柱下基础，通常有现浇台阶形基础、现浇锥形基础和预制柱的杯口形基础，如图 5-11 所示。杯口形基础又可分为单肢和双肢杯口形基础、低杯口形基础和高杯口形基础。轴心受压柱下基础的底面形状为正方形，而偏心受压柱下基础的底面形状为矩形
2	条形基础 条形基础	钢筋混凝土条形基础可分为：墙下钢筋混凝土条形基础、柱下钢筋混凝土条形基础（图 5-12）。 墙下钢筋混凝土条形基础根据受力条件可分为不带肋和带肋两种。通常只考虑在基础横向受力发生破坏，设计时，可沿长度方向按平面应变问题进行分析计算。 上部荷载较大，地基承载力较低时，独立基础底面积不能满足设计要求。这时可把若干柱子的基础连成一条构成柱下条形基础，以扩大基底面积，减小地基反力，并可以通过形成整体刚度来调整可能产生的不均匀沉降。把一个方向的单列柱基连在一起形成单向条形基础
3	柱下十字形基础 井格式基础	上部荷载较大，采用单向条形基础仍不能满足承载力要求时，可以把纵横柱基础均连在一起，形成十字交叉条形基础，如图 5-13 所示
4	筏形基础 筏形基础	筏形基础又称筏板基础、满堂基础，是把柱下独立基础或者条形基础全部用连系梁连接起来，下面再整体浇筑底板，由底板、梁等整体组成，如图 5-14 所示。 建筑物荷载较大，地基承载力较弱，常采用混凝土底板，承受建筑物荷载，形成筏基，其整体性好，抗弯强度大，可充分利用低级承载力，调整上部结构的不均匀沉降。 筏形基础分为平板式筏基和梁板式筏基，在外形和构造上像倒置的钢筋混凝土无梁楼盖和肋形楼盖，平板式筏基支持局部加厚筏板类型，一般用于荷载不大的情况；梁板式又有两种形式：一种是梁在板的底下埋入土内，一种是梁在板的上面；一般用于荷载较大的情况。一般说来地基承载力不均匀或者地基软弱的时候用筏形基础

续表

序号	项目	构造
5	箱形基础	箱形基础是由现浇的钢筋混凝土底板、顶板和纵横内外隔墙组成，形成一个刚度极大的箱子，故称之为箱形基础，如图5-15所示。 箱形基础具有比筏板基础更大的抗弯刚度，相对弯曲很小，可视作绝对刚性基础。为了加大底板刚度，可进一步采用“套箱式”箱形基础。 箱形基础埋深较深，基础空腹，从而卸除了基底处原有地基的自重应力，因此就大大地减少了作用于基础底面的附加应力，减少了建筑物的沉降，这种基础又称之为补偿性基础
6	壳体基础 壳体基础	壳体基础以承受轴向压力为主，可以充分发挥钢筋和混凝土材料抗压强度高的受力特点（梁板基础以弯矩为主），节省材料、造价低，适用于筒形构筑物基础

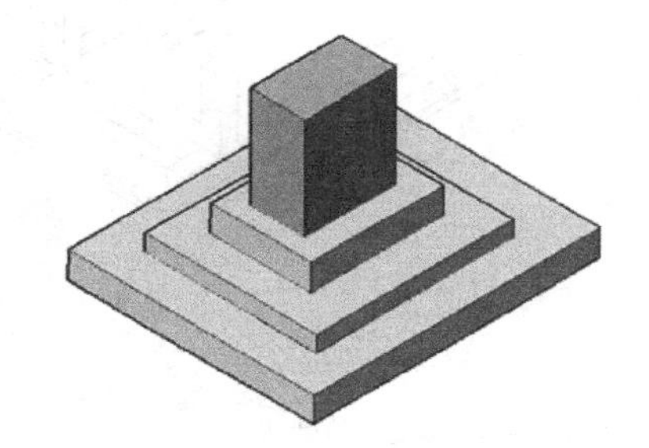
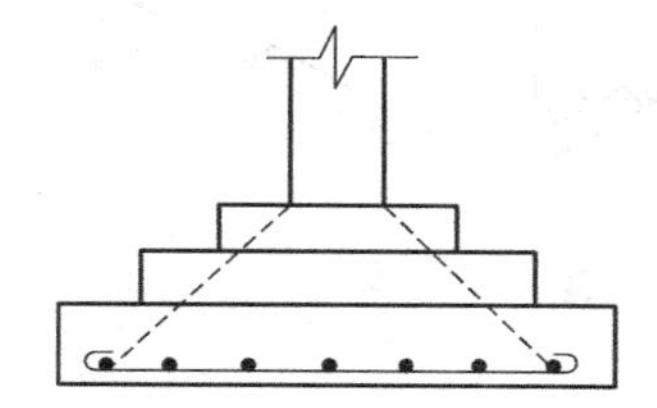

图5-11　独立基础

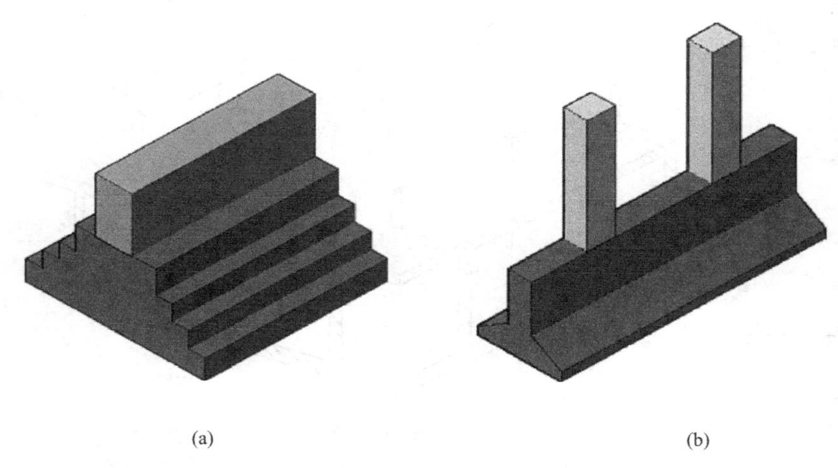

图5-12　条形基础

（a）墙下钢筋混凝土条形基础；（b）柱下钢筋混凝土条形基础

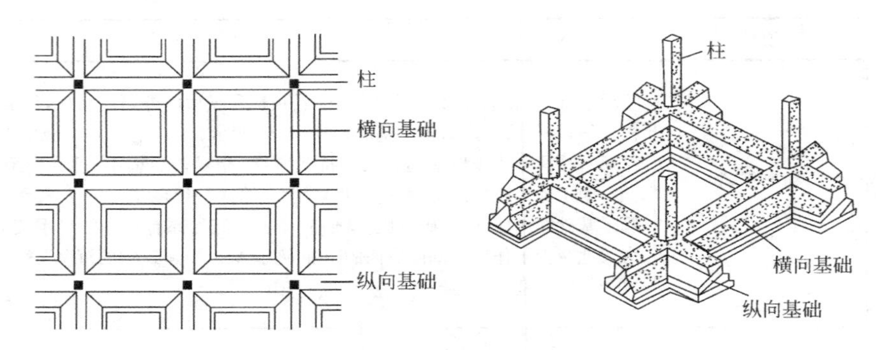

图 5-13　柱下十字形基础

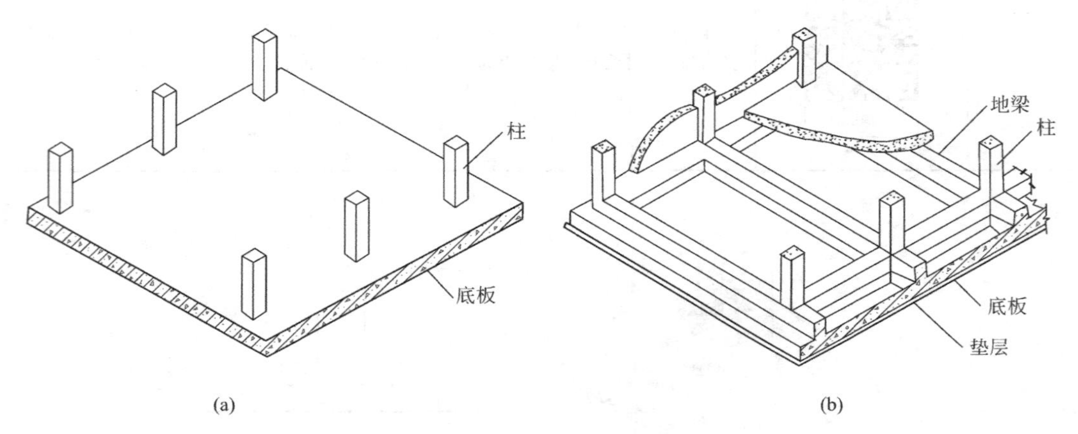

图 5-14　筏形基础

(a) 平板式筏形基础；(b) 梁板式筏形基础

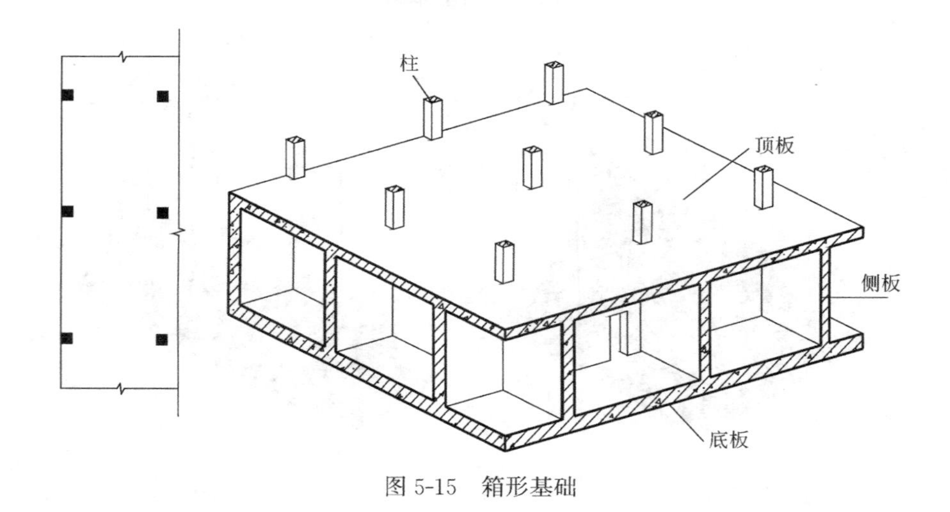

图 5-15　箱形基础

3. 按受力特点分

按结构受力特点，基础可分为刚性基础和扩展基础（柔性基础），见表 5-3。

按基础结构受力特点分　　表 5-3

序号	项目	构造
1	刚性基础 刚性基础	由砖、毛石、混凝土或毛石混凝土、灰土、三合土等材料组成，且不需配置钢筋的条形基础或柱下独立基础。基础本身具有一定的抗压强度，能承受一定的上部结构竖向荷载，但抗拉、抗剪强度低，不能承受挠曲变形而产生的拉应力及剪应力，因而称为刚性基础
2	扩展基础（柔性基础） 柔性基础	指柱下钢筋混凝土独立基础和墙下钢筋混凝土条形基础。基础本身不仅具有一定的抗压强度，能承受上部结构的竖向荷载，而且具有一定的抗拉、抗剪强度，又能承受挠曲变形及其所产生的拉应力和剪应力，因而又称为柔性基础

5.2　浅基础构造与施工

5.2.1　无筋扩展基础

无筋扩展基础（又称刚性基础）是指用砖、石、混凝土、灰土、三合土等材料组成的，且不需配置钢筋的墙下条形基础或柱下独立基础。这种基础的特点是抗压性能好，整体性、抗拉、抗弯、抗剪性能差。它适用于地基坚实、均匀、上部荷载较小，六层和六层以下（三合土基础不宜超过四层）的一般民用建筑和墙承重的轻型厂房（图 5-16）。

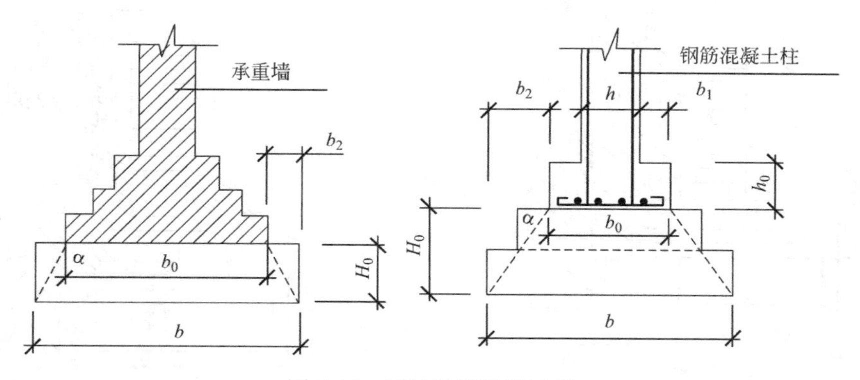

图 5-16　刚性基础构造示意

为保证在刚性基础内的拉应力、剪应力不超过基础的容许抗拉、抗剪强度，一般通过构造加以限制（图 5-16），即刚性角（宽高比）需满足：

$$\frac{b_i}{H_i} \leqslant \tan\alpha \tag{5-1}$$

式中：b_i——任一台阶宽度（m）；

H_i——相应台阶高度（m）；

$\tan\alpha$——台阶宽高比的允许值，参照表 5-4 中的经验值选用。

刚性基础台阶宽高比允许值 **表 5-4**

基础材料	质量要求	台阶宽高比的允许值		
		$p_k \leqslant 100$kPa	$100\text{kPa} < p_k \leqslant 200$kPa	$200\text{kPa} < p_k \leqslant 300$kPa
混凝土基础	C15 混凝土	1∶1.00	1∶1.00	1∶1.25
毛石混凝土基础	C15 混凝土	1∶1.00	1∶1.25	1∶1.50
砖基础	砖不低于 MU10、砂浆不低于 M5	1∶1.50	1∶1.50	1∶1.50
毛石基础	砂浆不低于 M5	1∶1.25	1∶1.50	—
灰土基础	体积比为 3∶7 或 2∶8 的灰土，其最小干密度：粉土为 1.55t/m^3；粉质黏土为 1.50t/m^3；黏土为 1.45t/m^3	1∶1.25	1∶1.50	—
三合土基础	体积比 1∶2∶4～1∶3∶6（石灰∶砂∶骨料），每层约虚铺 220mm，夯至 150mm	1∶1.50	1∶1.20	—

1. 砖基础构造与施工

(1) 砖基础构造

砖基础有条形基础和独立基础。基础下部扩大部分称为大放脚，上部为基础墙。砖基础的大放脚通常采用等高式和不等高式两种，如图 5-17 所示。

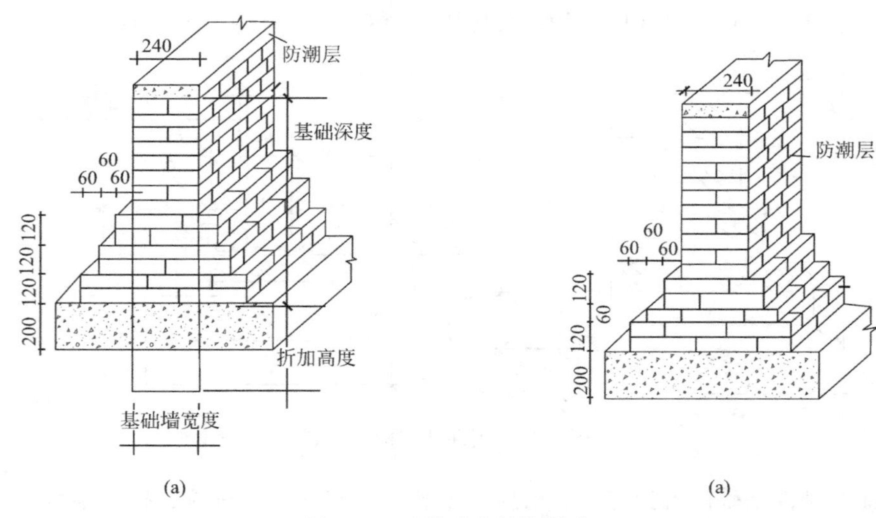

图 5-17 砖基础大放脚形式

(a) 等高式大放脚；(b) 不等高式大放脚

等高式大放脚是两皮一收，两边各收进 1/4 砖长，即高为 120mm、宽为 60mm；不等高式大放脚是两皮一收和一皮一收相间隔，两边各收进 1/4 砖长，即高为 120mm 与

60mm，宽为60mm。

在大放脚下面一般设置灰土或三合土垫层。垫层的厚度及标高按设计图样要求确定，每边扩出基础底面边缘不小于50mm。

（2）砖基础施工

砖基础施工工艺包括：地基验槽、垫层找平、定位放线、材料见证取样、配置砂浆、确定组砌方式、摆砖撂底、立皮数杆、挂线、砌筑、做防潮层等步骤。其工艺流程如图5-18所示。

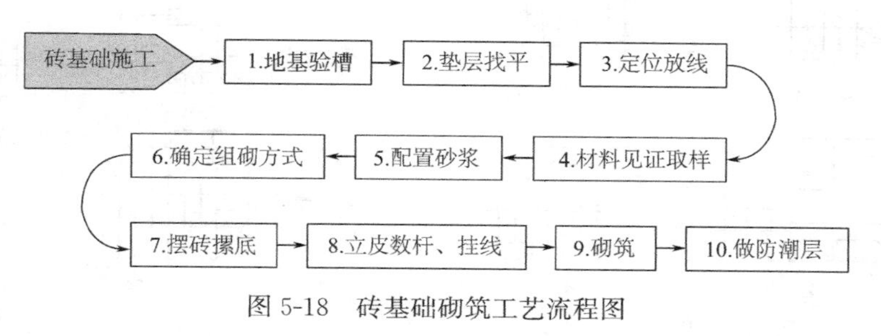

图5-18 砖基础砌筑工艺流程图

1）砖基础作业准备（表5-5）

砖基础施工作业准备 **表5-5**

序号	工作项	工作内容
1	验槽、清理、湿润	基坑或基槽的垫层已完成并验收合格，砌筑部位的灰渣、杂物应清除干净，基层浇水润湿
2	放线	置龙门板或龙门桩，标出基础和墙身轴线和标高，并在槽底或垫层上弹出基础轴线和大放脚的边线
3	抄平、立皮数杆	立皮数杆间距为15～20m，在墙的转角处均应设立，并根据最下面一层砖的标高，拉线检查垫层表面的水平度，若第一层砖的水平灰缝超过20mm时，应用细石混凝土找平，不得用砂浆或掺碎石、碎砖的砂浆处理
4	湿砖	常温下，砖应在砌筑前一天浇水润湿，水浸入表面深度应以10～20mm为宜。雨期施工，不得使用含水饱和的砖
5	拌制砂浆	砌筑砂浆应拌合均匀，宜采用机械搅拌，投料顺序为：砂→水泥→掺合料→水，搅拌时间不少于2min。砂浆配合比（质量比）通过试验确定。 水泥用量的精确度应在±2%以内，砂、掺合料为±5%，砂浆的稠度为7～10cm。 砂浆随拌随用，拌好的砂浆应尽量在3～4h内使用完毕，不得使用过夜砂浆
6	场地、机具准备	施工场地平整，运输道路畅通。脚手架及各类机具准备就绪

2）砖基础施工操作

① 砌砖基础前，应先将垫层清扫干净，并用水润湿，立好皮数杆，检查防潮层以下砌砖的层数是否相符。

② 从相对设立的龙门板上拉上大放脚准线，根据准线交点在垫层面上弹出位置线，即为基础大放脚边线。基础大放脚的组砌法如图5-19所示。大放脚转角处要放七分头，

七分头应在山墙和檐墙两处分层交替放置，一直砌到实墙。

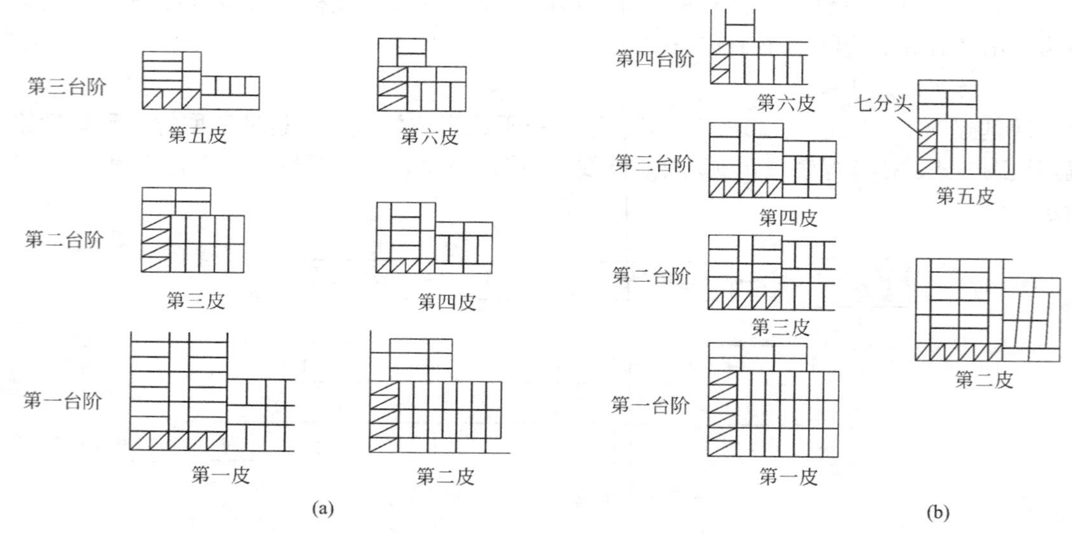

图 5-19 基础大放脚的组砌法

（a）皮三收等高式大放脚；（b）皮四收不等高式大放脚

③ 盘角。在垫层转角、交接和高低踏步处先立好皮数杆，控制基础砌筑高度。砌筑基础时应先在墙角处盘角，每次盘砌不得超过 5 层砖，随盘随靠平、吊直，如图 5-20 所示。

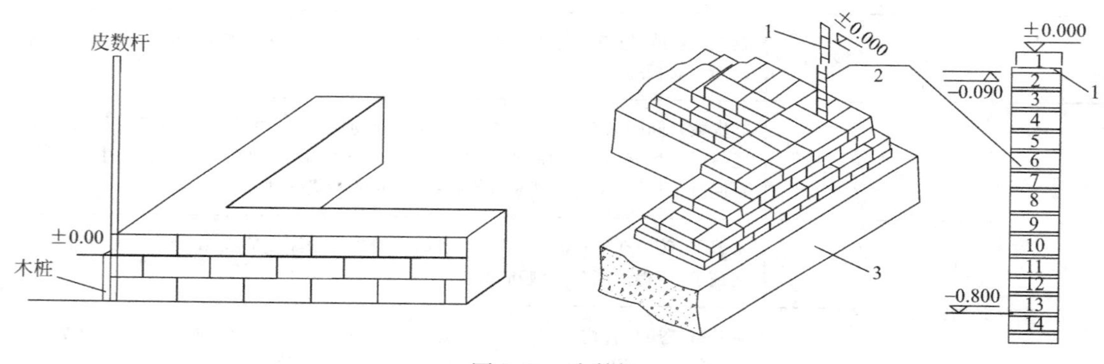

图 5-20 皮数杆

④ 砌基础墙应挂线，370mm 及以上厚墙应两面挂线。

⑤ 砖基础的组砌形式，一般采用满丁满条砌法（一皮顺砖和一皮丁砖），里外咬槎，上下层错缝，错缝宽度不小于 60mm。采用“三一”砌砖法（即一铲灰，一块砖，一挤揉），禁止用水冲浆灌缝。

⑥ 为了保证砖砌体的整体性，内外墙基础应同时砌筑。否则，应留置斜槎，斜槎长度不应小于高度的 2/3，如图 5-21 所示。

⑦ 有高低台的基础底面，应从低处砌起，并按大放脚的底部宽度由高台向低台搭接。若设计无规定，搭接长度不应小于大放脚高度，如图 5-22 所示。

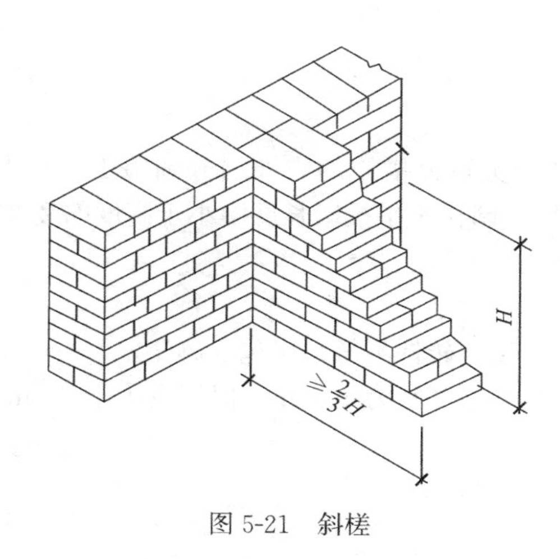

图 5-21　斜槎

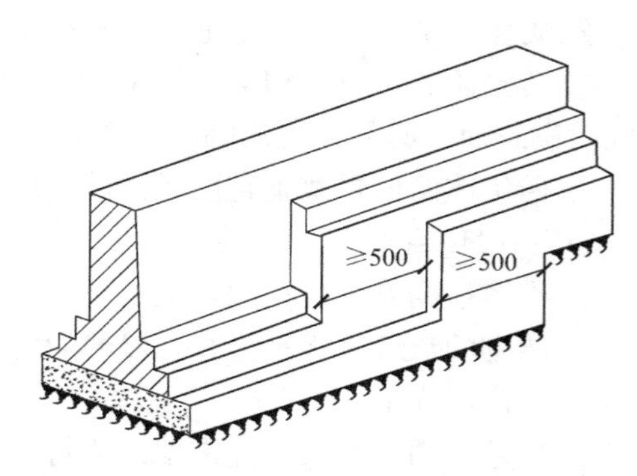

图 5-22　砖基础高低接头处砌法

⑧ 基础标高不一或有局部加深，应从最低处向上砌筑，并经常拉线检查，确保墙身位置的准确和每皮砖及灰缝的水平。若有偏差，通过灰缝调整，保持砖基础通顺、平直。

⑨ 各种预留孔洞、预埋件、拉结筋按照设计要求留置，避免事后剔凿，影响基础质量。预留孔洞跨度超过 500mm 时，应在其上方砌筑平拱或设置过梁。暖气沟挑檐砖用丁砖砌筑，保证灰缝严实，标高正确。

⑩ 变形缝两边的砖基础应根据设计要求砌筑。先砌的一边要刮掉舌头灰，后砌的一边要采用缩口灰的砌法，掉入缝内的杂物随时清理，防止堵塞。

⑪ 防潮层应按设计要求施工。检查防潮层设计标高，清扫尘土、杂物，浇水湿润墙体，抹防水砂浆。若设计无规定时，可采用 1∶3 水泥防水砂浆（即在 1∶3 水泥砂浆中加入水泥质量 3%～5%的防水粉），厚 15～20mm。若砖基础顶面做钢筋混凝土地圈梁，则可不另做防潮层。

⑫ 基础施工完后，清理现场，组织验收。

⑬ 基础回填，分层夯实。

(3) 砖基础质量检验标准

1) 一般规定

① 地面以下或防潮层以下的砌体，常处于潮湿的环境中。有的处于水位以下，在冻胀作用下，对多孔砖砌体的耐久性能影响较大，故在有受冻环境和条件的地区不宜在地面以下或防潮层以下采用多孔砖。

② 砌筑砖砌体时，砖应提前 1d 浇水湿润。砖的湿润程度对砌体的施工质量影响较大。对烧结普通砖含水率宜为 10%～15%；对灰砂砖、粉煤灰砖含水率宜为 8%～12%。现场检验砖含水率的简易方法采用断砖法，当砖截面四周融水深度为 15～20mm 时，视为符合要求的适宜含水率。

③ 采用铺浆法砌筑时，铺浆长度不得超过 750mm；施工期间气温超过 30℃时，铺浆长度不得超过 500mm。

④ 施工时施砌的蒸压（养）砖的产品龄期不应小于 28d。

⑤ 砖砌体施工临时间断处补砌时，必须将接槎处表面清理干净，浇水湿润，并填实砂浆，保持灰缝平直。

2）主控项目

① 砖和砂浆的强度等级必须符合设计要求。

② 砌体水平灰缝的砂浆饱满度不得小于80%。

③ 砖砌体的转角处和交接处应同时砌筑，严禁无可靠措施的内外墙分砌施工。对不能同时砌筑而又必须留置的临时间断处应砌成斜槎，斜槎水平投影长度不小于高度的2/3。

④ 砖砌体的位置及垂直度允许偏差应符合规定。

3）一般项目

① 砌体组砌方法应正确，上、下错缝，内外搭砌，砖柱不得采用包心砌法。

② 砖砌的灰缝应横平竖直，厚薄均匀。水平灰缝厚度宜为10mm，但不应小于8mm，也不应大于12mm。

③ 砖基础的一般尺寸允许偏差应符合规定。

2. 毛石砌体基础构造与施工

（1）毛石基础构造

毛石基础是用毛石与水泥砂浆或水泥混合砂浆砌成。所用毛石强度等级一般为MU20以上，砂浆宜用水泥砂浆，强度等级应不低于M5。毛石基础可作墙下条形基础或柱下独立基础。按其断面形式有矩形、阶梯形和梯形。基础的顶面宽度应比墙厚大200mm，即每边宽出100mm，每阶高度一般为300～400mm，并至少砌二皮毛石。上级阶梯的石块应至少压砌下级阶梯的1/2，相邻阶梯的毛石应相互错缝搭砌。

毛石基础必须设置拉结石，同皮内每隔2m左右设置一块。

（2）毛石基础施工

毛石基础施工包括：地基验槽、垫层找平、基墙放线、材料见证取样、配置砂浆、双面挂线、石块砌筑、顶部找平、做防潮层等步骤。其工艺流程如图5-23所示。

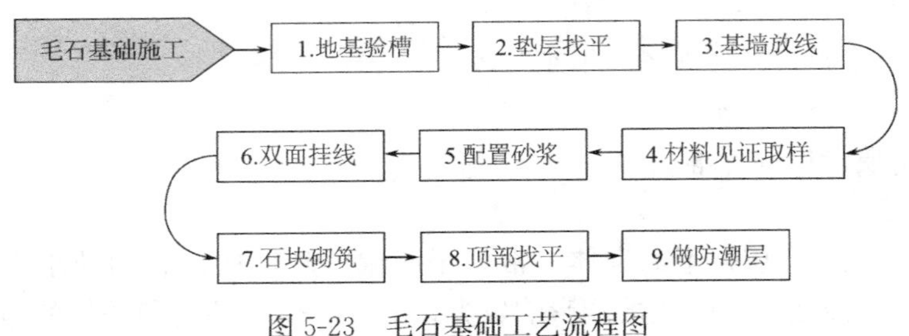

图5-23　毛石基础工艺流程图

1）毛石基础作业准备（表5-6）

毛石基础施工作业准备　　表5-6

序号	工作项	工作内容
1	验槽、清理	在毛石基础砌筑之前，对已进行完的基槽和垫层的施工，应检查基槽（坑）的土质、轴线、尺寸和标高，清除杂物，打好底夯。地基过湿时，应铺10cm厚的砂子、矿渣、砂砾石或碎石填平夯实
2	放线	设置龙门板或龙门桩，标出基础和墙身轴线和标高，并在槽底或垫层上弹出基础轴线和边线

续表

序号	工作项	工作内容
3	拌制砂浆	砌筑砂浆应按试验确定的配合比拌制，搅拌均匀，并符合设计要求。不得使用隔夜砂浆。毛石抽样试验应合格
4	场地、机具准备	施工场地平整，运输道路畅通。脚手架及各类机具准备就绪
5	检查地质环境稳定性	检查槽边土坡的稳定性，有无坍塌危险。不良的地基已进行处理

2）毛石基础施工操作

① 扫除基础垫层表面上的灰渣、杂物，洒水湿润。

② 根据设置的龙门板或中心桩放出基础轴线及边线，抄平，在两端立好皮数杆，划出分层砌石高度，并标出台阶收分尺寸。

③ 根据基础垫层上弹出的边线进行摆石撂底，经检查无误后，方可正式砌筑。

④ 盘角挂线。砌筑基础时应先在墙角处盘角。毛石基础应两面挂线。先砌筑转角和交接处，再砌筑中间部分。

⑤ 毛石砌体的灰缝厚度不宜大于20mm，砂浆应饱满，石块间较大的空隙应先填塞砂浆，再用碎石块嵌实，不得采用先摆碎石、后塞砂浆或干填碎石块的方法。

⑥ 砌第一皮毛石时，应选用较大的平毛石块砌筑，坐浆，并将大面朝下。

⑦ 毛石基础每0.7m^{2}且每皮毛石内间距不大于2m设置一块拉结石，上下两皮拉结石的位置应错开，立面砌成梅花形。拉结石宽度：如基础宽度等于或小于400mm，拉结石宽度应与基础宽度相等；如基础宽度大于400mm，可用两块拉结石内外搭接，搭接长度不应小于150mm，且其中一块长度不应小于基础宽度的2/3。

⑧ 毛石基础最上一皮宜选用较大的平毛石砌筑。转角处、交接处和洞口处应选用较大的平毛石砌筑。

⑨ 有高低台的毛石基础，应从低处砌起，并由高台向低台搭接，搭接长度不小于基础高度。

⑩ 为了保证毛石砌体的整体性，内外墙基础应同时砌筑。否则，应留置斜槎。

⑪ 各种预留孔洞、预埋件、拉结筋按照设计要求留置，避免事后剔凿，影响基础质量。

⑫ 毛石基础每天砌筑高度不应超过1.2m。当超过1.2m时，应搭设脚手架。

⑬ 基础砌筑至底层室内地面0.06m处，进行防潮层施工。

⑭ 基础施工完后，清理现场，组织验收。

⑮ 基础回填，分层夯实。

（3）毛石基础质量检验

1）一般规定

① 毛石的选用应符合设计要求。采用的石材应质地坚实，无风化剥落和裂纹。

② 毛石表面的泥垢、水锈等杂质，砌筑前应清除干净，避免泥垢、水锈等杂质对粘结的隔离作用。

③ 便于施工操作，满足砌体强度和稳定性要求。毛石砌体的灰缝厚度不宜大

于 20mm。

④ 砂浆初凝后，如移动已砌筑的石块，应将原砂浆清理干净，重新铺浆砌筑。

⑤ 为使条石基础与地基或基础垫层粘结紧密，保证传力均匀和石块平稳，砌筑条石基础的第一皮石块应用丁砌层坐浆砌筑，并将大面向下。

⑥ 毛石基础的第一皮及转角处、交接处和洞口处，应用较大的平毛石砌筑。基础的最上一皮宜用较大的毛石砌筑。

2）主控项目

① 石材及砂浆强度等级必须符合设计要求。

② 砂浆饱满度不应小于 80%。

③ 毛石基础的轴线位置及垂直度允许偏差应符合规定。

3）一般项目

① 毛石基础的一般尺寸允许偏差应符合规定。

② 石砌体的组砌形式应符合下列规定：内外搭砌，上下错缝，拉结石、丁砌石交错设置；毛石墙拉结石每 0.7m^2 墙面不应少于 1 块。

3. 混凝土基础构造与施工

（1）混凝土基础构造

当荷载较大、地下水位较高时，常采用混凝土基础或毛石混凝土基础。混凝土基础的强度较高，耐久性、抗冻性、抗渗性、耐腐蚀性都很好。基础的截面形式常采用台阶形，阶梯高度一般不小于 300mm。

1）构造要求

毛石混凝土基础与混凝土基础的构造相同，当基础体积较大时，为了节约混凝土的用量，降低造价，可掺入一些毛石（掺入量不宜超过 30%）形成毛石混凝土基础。构造详图如图 5-24 所示。

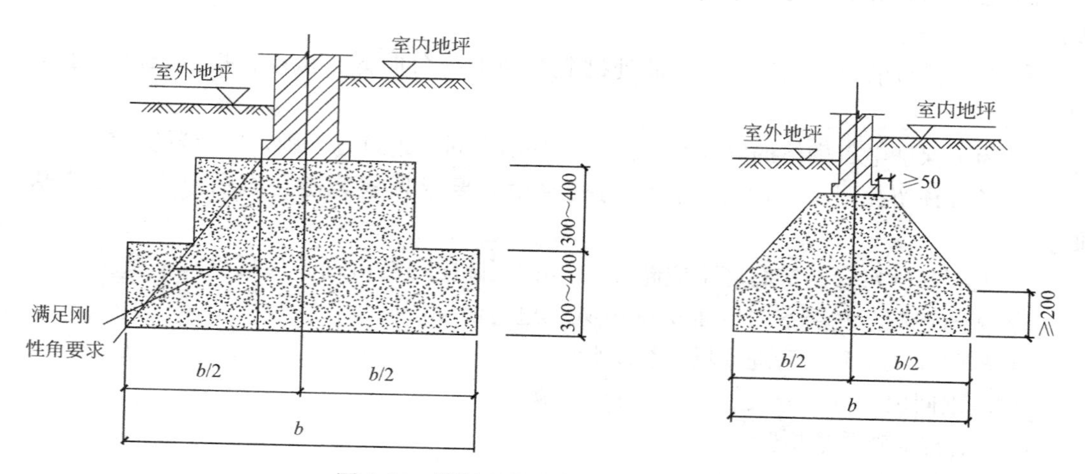

图 5-24 混凝土基础或毛石混凝土基础

2）材料要求

混凝土的强度等级不宜低于 C15；毛石要选用坚实、未风化的石料，其抗压强度不低于 30kPa；毛石尺寸不宜大于截面最小宽度的 1/3，且不大于 300mm；毛石在使用前应清洗表面泥垢、水锈，并剔除尖条和扁块。

（2）混凝土基础施工

混凝土基础的施工工艺顺序：清理基坑及抄平→垫层施工→定位放线→模板支设→模板清理→混凝土浇筑→混凝土振捣→混凝土找平→混凝土养护→模板拆除，如图 5-25 所示。

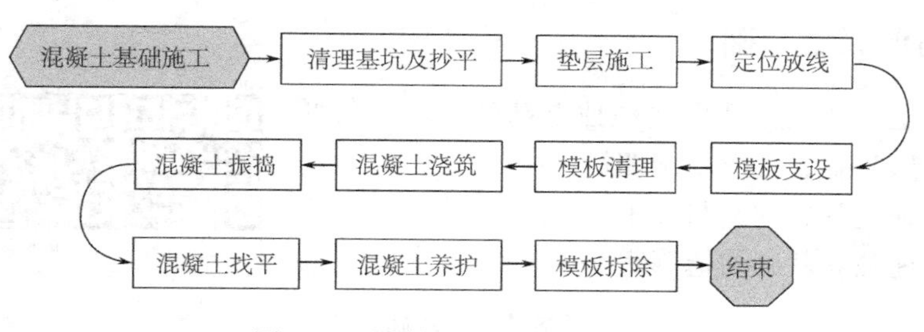

图 5-25　混凝土基础施工流程图

① 首先清理槽底，验槽并做好记录。按设计要求打好垫层，垫层的强度等级不宜低于 C15。

② 在基础垫层上放出基础轴线及边线，按线支立预先配制好的模板。模板可采用木模，也可采用钢模。模板支立要求牢固，避免浇筑混凝土时跑浆、变形，如图 5-26 所示。

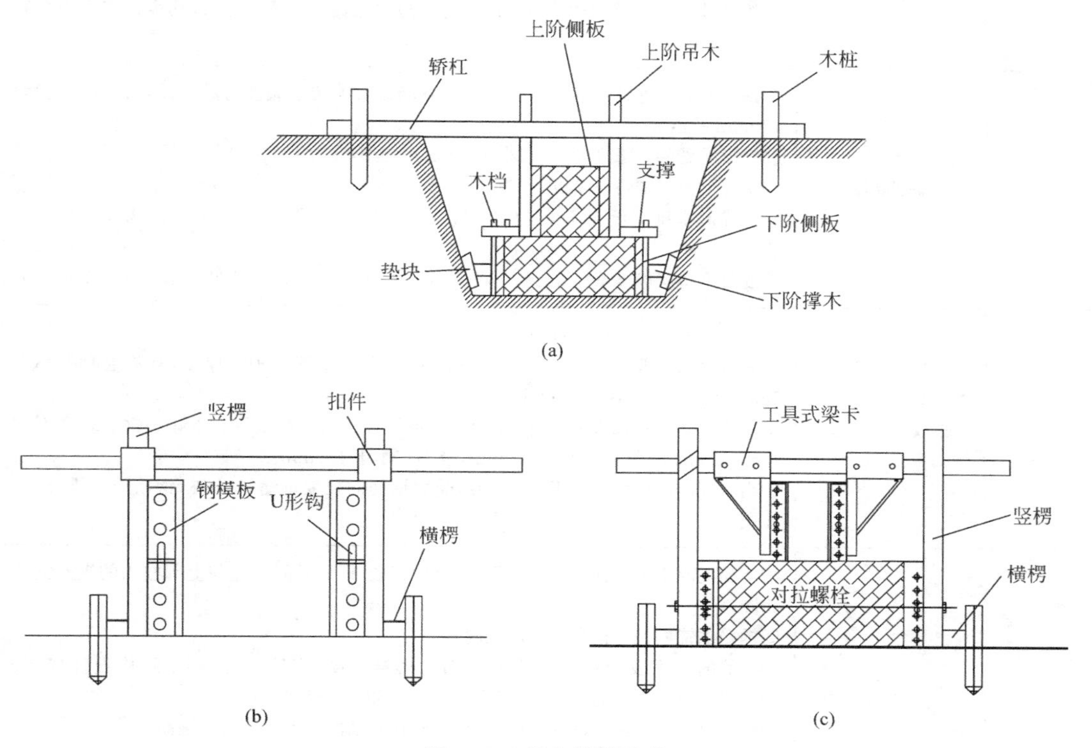

图 5-26　基础模板示意

（a）阶梯条形基础木模板支模；（b）单阶条形基础钢模板；（c）单阶条形基础钢模板

③ 台阶式基础宜按台阶分层浇筑混凝土，每层可先浇筑边角后浇筑中间。第一层浇

筑完工后，可停 0.5～1.0h，待下部密实后再浇筑上一层。

④ 基础截面为锥形，斜坡较陡时，斜面部分应支模浇筑，并防止模板上浮；斜坡较平缓时，可不支模板，但应将边角部位振捣密实，人工修整斜面。

⑤ 混凝土初凝后，外露部分要覆盖并浇水养护，待混凝土达到一定强度后方可拆除模板。

5.2.2 钢筋混凝土基础

钢筋混凝土浅基础包括现浇柱独立基础、墙下条形基础、柱下条形基础、筏形基础四类。

独立基础构造

1. 现浇柱独立基础构造与施工

(1) 现浇柱独立基础构造（表 5-7）

现浇柱独立基础构造　　表 5-7

序号	项目	内容
1	材料强度	①基础垫层厚度不宜小于 70mm，垫层混凝土强度等级为 C10。 ②基础混凝土强度等级不宜小于 C20，当位于潮湿环境时不应低于 C25
2	基础平面尺寸	①钢筋混凝土柱下独立基础一般设计为阶梯形或梯形。 ②承受轴心荷载的基础，底板一般采用正方形，其边长宜为 100 的倍数。承受偏心荷载的基础，底板一般采用矩形，其长边与短边之比一般不大于 2，其边长宜为 100 的倍数
3	基础高度	①钢筋混凝土基础高度 h 应按受压承载能力及剪切承载能力进行设计计算，一般为 100mm 的倍数。 ②锥形基础的边缘高度，不宜小于 200mm，也不宜大于 500mm，如图 5-27 所示。 ③阶梯形基础的每阶高度，宜为 300～500mm。 ④阶梯形基础高度为 500～900mm 时，用两阶，大于 900mm 时用三阶，如图 5-28 所示。 ⑤混凝土垫层厚度不宜小于 70mm，一般为 70～100mm，每边伸出基础 50～100mm
4	底板钢筋构造	①底板钢筋的面积按计算确定。 ②底板钢筋一般采用 HPB300、HRB335 级钢筋，钢筋保护层厚度，有垫层时不小于 35mm，无垫层时不小于 70mm。 ③底板配筋宜延长边和短边方向均匀布置，且长边钢筋放置在下排。钢筋直径不宜小于 10mm，间距不宜大于 200mm，也不宜小于 100mm。 ④当基础的边长尺寸大于 2.5m 时，受力钢筋的长度可缩短 10%，钢筋应交错布置，如图 5-29 所示
5	柱与基础的连接	①钢筋混凝土独立柱基础的插筋的钢种、直径、根数及间距应与上部柱内的纵向钢筋相同。 ②插筋的锚固及与柱纵向钢筋相同。 ③插筋的锚固及与柱纵向受力钢筋的搭接长度，应符合《混凝土结构设计规范》GB 50010 和《建筑抗震设计规范》GB 50011 的要求。 ④箍筋直径与上部柱内的箍筋直径相同，在基础内应不少于两个箍筋。 ⑤在柱内纵筋与基础纵筋搭接范围内，箍筋的间距应加密且不大于 100mm。 ⑥基础的插筋应伸至基础底面，用光圆钢筋（末端有弯钩）时放在钢筋网上，如图 5-30 所示

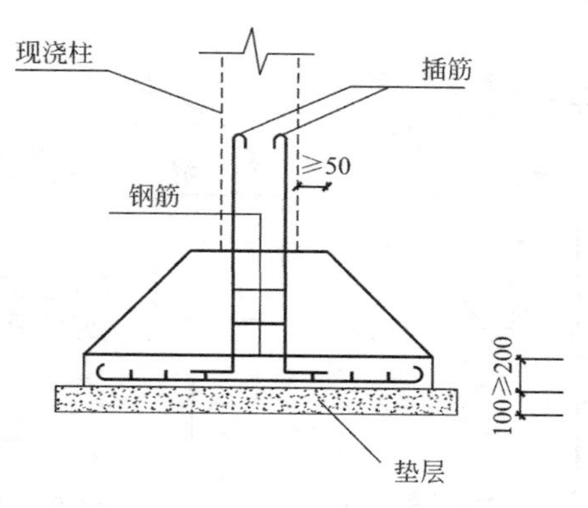

图5-27　锥形基础高度示意图

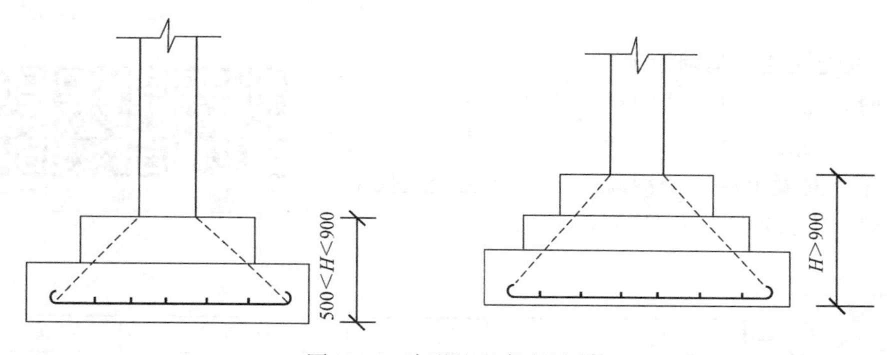

图5-28　阶形基础高度示意

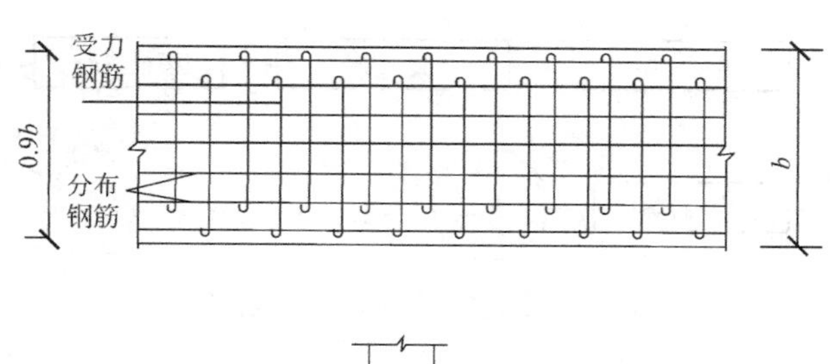

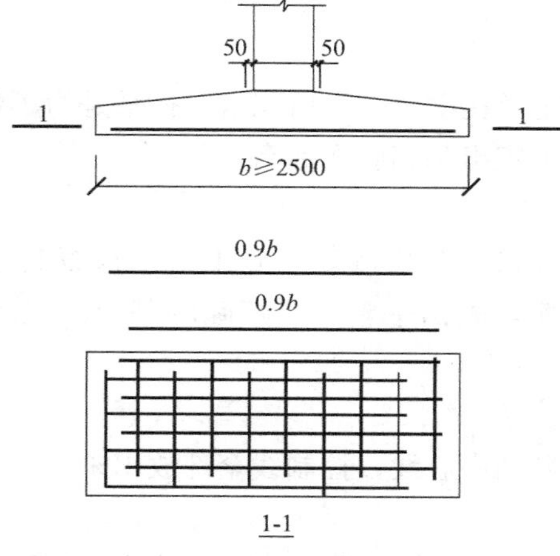

图5-29　底板钢筋示意

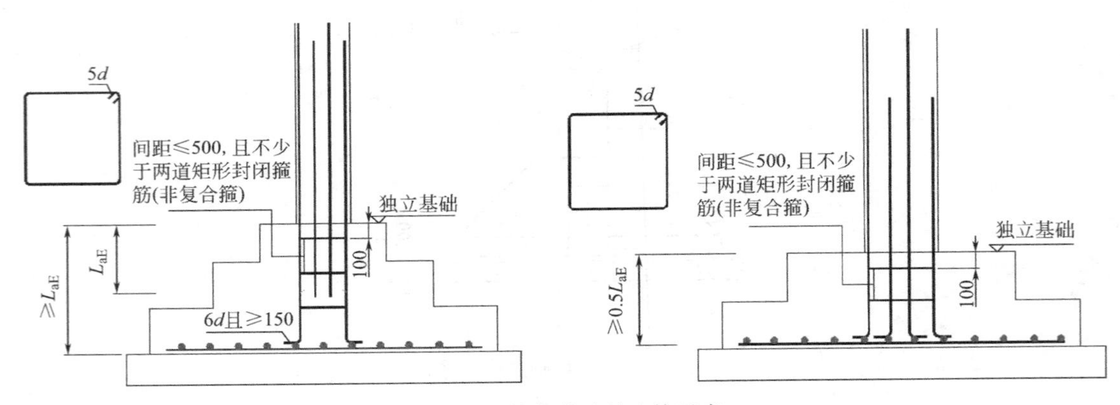

图 5-30　柱与基础的连接示意

（2）现浇柱独立基础施工

现浇钢筋混凝土独立基础施工工艺流程为：清理基坑及抄平→垫层施工→定位放线→钢筋绑扎→模板支设→模板清理→混凝土浇筑→混凝土振捣→混凝土找平→混凝土养护→模板拆除，如图 5-31 所示。

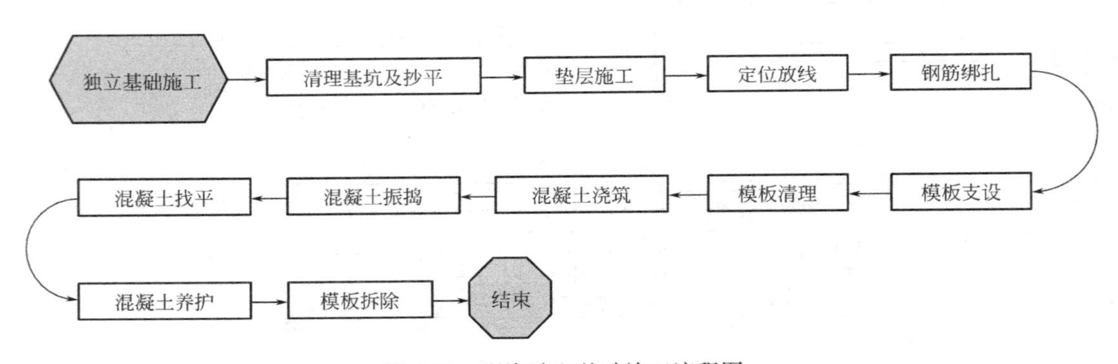

图 5-31　现浇独立基础施工流程图

1）清理基坑及抄平

清理基坑是清除表层浮土及扰动土，不留积水。抄平是为了使基础底面标高符合设计要求，施工基础前应在基面上定出基础底面标高。

2）垫层施工

地基验槽完成后，应立即进行垫层混凝土施工，在基面上浇筑 C10 的细石混凝土垫层，垫层混凝土必须振捣密实，表面平整，严禁晾晒基土。垫层施工是为了保护基础的钢筋。

3）定位放线

用全站仪将所有独立基础的中心线，控制线全部放出来。

4）钢筋工程

垫层浇筑完成，混凝土达到 1.2MPa 后，表面弹线进行钢筋绑扎，钢筋绑扎不允许漏扣，柱插筋弯钩部分必须与底板筋成 45°绑扎，连接点处必须全部绑扎。

距底板 5cm 处绑扎第一个箍筋，距基础顶 5cm 处绑扎最后一道箍筋，作为标高控制筋及定位筋，柱插筋最上部再绑扎一道定位筋，上下箍筋及定位箍筋绑扎完成后将柱插筋调整到位并用井字木架临时固定，然后绑扎剩余箍筋，保证柱插筋不变形走样，两道定位筋在基础混凝土浇完后，必须进行更换。

当柱下钢筋混凝土独立基础的边长大于或等于 2.5m 时，底板受力钢筋的长度可取边长的 0.9 倍，并宜交错布置。

钢筋绑扎好后底面及侧面搁置保护层垫块，厚度为设计保护层厚度，垫块间距不得大于 100mm（视设计钢筋直径确定），以防出现露筋的质量通病。

5）模板工程

模板采用小钢模或木模，利用架子管或方木加固。阶梯形独立基础根据基础施工图样的尺寸制作每一阶梯模板，支模顺序由下至上逐层向上安装。

6）清理

清除模板内的木屑、泥土等杂物，木模浇水湿润，堵严板缝及孔洞。

7）混凝土浇筑

混凝土应分层连续进行，间歇时间不超过混凝土初凝时间，一般不超过 2h，为保证钢筋位置正确，先浇一层 5～10cm 厚混凝土固定钢筋。台阶型基础每一台阶高度整体浇捣，每浇完一台阶停顿 0.5h 待其下沉，再浇上一层。

浇筑混凝土时，经常观察模板、支架、钢筋、螺栓、预留孔洞和管有无走动情况，一经发现有变形、走动或位移时，立即停止浇筑，并及时修整和加固模板，然后再继续浇筑。

8）混凝土振捣

采用插入式振捣器，插入的间距不大于振捣器作用部分长度的 1.25 倍。上层振捣棒插入下层 3～5cm。尽量避免碰撞预埋件、预埋螺栓，防止预埋件移位。

9）混凝土找平

混凝土浇筑后，表面比较大的混凝土，使用平板振捣器振一遍，然后用刮杆刮平，再用木抹子搓平。收面前必须校核混凝土表面标高，不符合要求处立即整改。

10）混凝土养护

已浇筑完的混凝土，应在 12h 左右覆盖和浇水。一般常温养护不得少于 7d，特种混凝土养护不得少于 14d。养护设专人检查落实，防止由于养护不及时，造成混凝土表面裂缝。

11）模板拆除

侧面模板在混凝土强度能保证其棱角不因拆模板而受损坏时方可拆模，拆模前设专人检查混凝土强度，拆除时采用撬棍从一侧顺序拆除，不得采用大锤砸或撬棍乱撬，以免造成混凝土棱角破坏。

2. 墙下条形基础构造与施工

（1）墙下条形基础构造（表 5-8）

墙下条形基础构造　表 5-8

序号	项目	内容
1	外形尺寸	①墙下钢筋混凝土条形基础(图 5-32)按外形不同可分为无纵肋板式条形基础和有纵肋板式条形基础。 ②墙下条形基础的高度 h 应按受冲切计算确定。构造要求一般为 $h \geqslant \frac{b}{7} \sim \frac{b}{8}$，且 $h \geqslant 300\text{mm}$,式中 b 为基础宽度。 ③当墙下的地基土土质不均匀或沿地基纵向荷载分布不均匀时,为了抵抗不均匀沉降和加强条形基础的纵向抗弯能力,可做成有纵肋板式条形基础。纵肋的宽度为墙厚加 100mm
2	基础配筋	①基础底板受力钢筋的最小直径不宜小于 10mm,间距不宜大于 200mm,也不宜小于 100。 ②墙下钢筋混凝土条形基础纵向分布钢筋直径不小于 8mm,间距不大于 300mm。每延长米分布钢筋的面筋应不小于受力钢筋面积的 1/10。 ③当墙下钢筋混凝土条形基础的宽度大于或等于 2.5m 时,底板受力钢筋的长度可取宽度的 0.9 倍,并宜交错布置,如图 5-33(a)所示。 ④钢筋混凝土条形基础底板在 T 形及十字架交接处,底板横向受力钢筋仅沿一个主要受力方向通常布置,另一方向的横向受力钢筋可布置到主要受力方向底板宽度 1/4 处,如图 5-33(b)(c)所示。在拐角处底板横向受力钢筋应沿两个方向布置,如图 5-33(d)所示

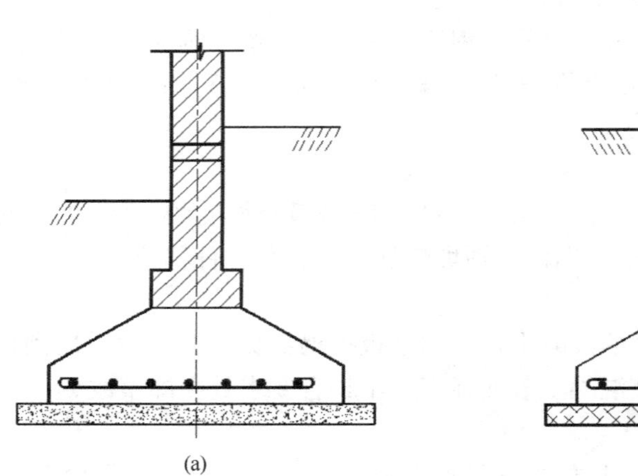

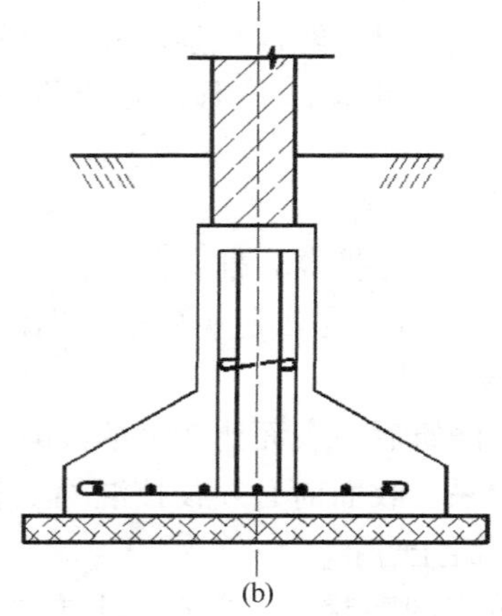

图 5-32　墙下条形基础分类

(a) 无纵肋板式条形基础；(b) 有纵肋板式条形基础

(2) 墙下条形基础施工

墙下条形基础施工工艺同独立基础施工流程基本相同：清理基坑及抄平→垫层施工→定位放线→钢筋绑扎→模板支设→模板清理→混凝土浇筑→混凝土振捣→混凝土找平→混凝土养护→模板拆除，如图 5-34 所示。

1）首先清理槽底，然后验槽并做好记录。按设计要求打好垫层，垫层的强度等级不宜低于 C15。

2）在基础垫层上放出基础轴线及边线，钢筋工绑扎好基础底板和基础梁钢筋，将柱子插筋按位置固定好，检验钢筋。

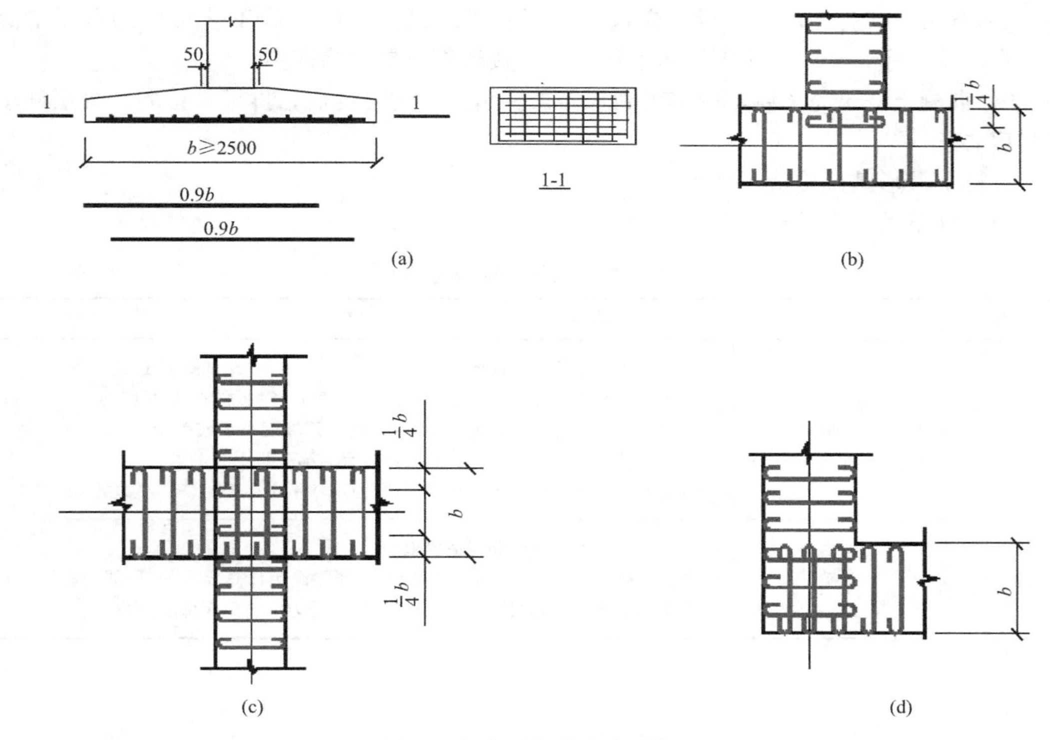

图 5-33　墙下条形基础配筋

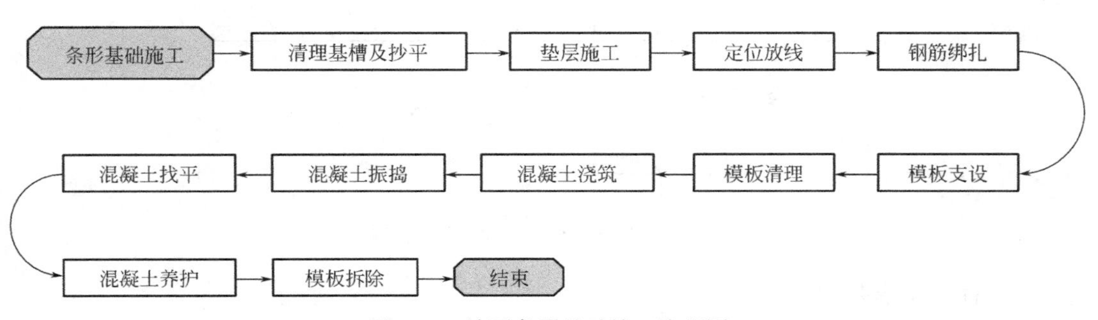

图 5-34　墙下条形基础施工流程图

3）钢筋检验合格后，按线支立预先配制好的模板。模板可采用木模，也可采用钢模。先将下阶模板支好，再支好上阶模板。模板支立要求牢固，避免浇筑混凝土时跑浆、变形。

4）基础在浇筑前，应先清除模板内和钢筋上的垃圾杂物，避免堵塞模板的缝隙和孔洞。木模板应浇水湿润。

5）混凝土的浇筑，高度在 2m 以内时，可直接将混凝土卸入基槽；当混凝土的浇筑高度超过 2m 时，应采用漏斗、串筒将混凝土溜入槽内，以免混凝土产生离析分层现象。

6）混凝土宜分段分层浇筑，每层厚度宜为 200～250mm，每段长度宜为 2～3m，各段各层之间应相互搭接，使逐段逐层呈阶梯形推进，振捣要密实不要漏振。

7）混凝土要连续浇筑不宜间断，如若间断，其间隔时间不应超过规范规定的时间。

8）当需要间歇的时间超过规范规定时，应设置施工缝。再次浇筑应待混凝土强度达到 1.2N/mm² 以上时方可进行。浇筑前进行施工缝处理，应将施工缝松动的石子清除，并用水清洗干净，浇一层水泥浆再继续浇筑，接槎部位要振捣密实。

9）混凝土浇筑完毕后，应覆盖洒水养护。达到一定强度后，拆模、检验、分层回填、夯实房心土。

3. 柱下条形基础构造与施工

（1）柱下条形基础构造（表 5-9）

柱下条形基础构造 **表 5-9**

序号	项目	内容
1	外形尺寸	①柱下条形基础梁端部应向外挑出，其长度宜为第一跨柱距的 1/4。 ②柱下条形基础的梁高宜为柱距的 1/8～1/4。翼板的厚度不宜小于 200mm。翼板厚度大于 250mm 时，宜用变厚度翼板，其坡度小于或等于 1∶3。一般情况下，条形基础的端部应向外伸出，其长度宜为第一跨距的 1/4。 ③现浇柱与条形基础梁的交接处，其平面尺寸不应小于图 5-35 的规定
2	基础配筋	①满足墙下条形基础配筋构造要求。 ②条形基础梁顶部和底部的纵向受力钢筋除满足计算要求外，顶部钢筋按计算配筋全部贯通，底部通长钢筋不应少于底部受力钢筋截面总面积的 1/3

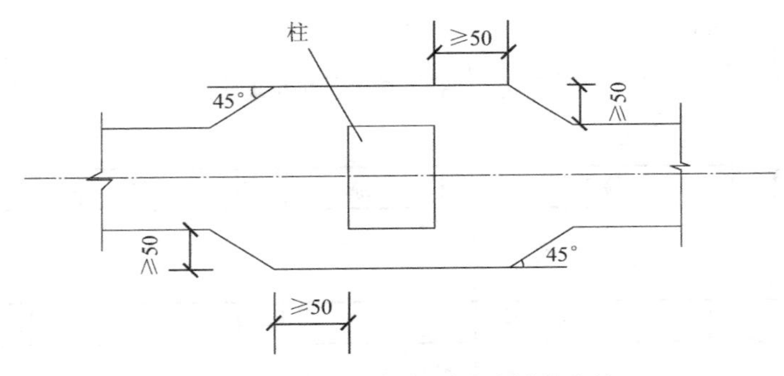

图 5-35　现浇柱与条形基础梁的交接

（2）柱下条形基础施工

柱下钢筋混凝土条形基础的施工要点同墙下条形基础。

4. 筏形基础构造与施工

（1）筏形基础的构造（表 5-10）

筏形基础构造 **表 5-10**

序号	项目	内容
1	混凝土要求	筏形基础的混凝土强度等级不应低于 C30。当有地下室时应采用防水混凝土，防水混凝土的抗渗等级应根据地下水的最大水头与防渗混凝土厚度的比值，按现行《地下工程防水技术规范》GB 50108 选用，但不应小于 0.6MPa。必要时宜设架空排水层
2	平面布置要求	应尽量使建筑物重心与筏基平面的形心重合。筏基边缘宜外挑，挑出宽度应由地基条件、建筑物场地条件、柱距及柱荷载大小、使地基反力与建筑物重心重合或尽量减少偏心等因素综合确定，一般情况下，挑出宽度为边跨柱距的 1/4～1/3

续表

序号	项目	内容
3	尺寸要求	筏基底板的厚度均应满足受冲切承载力、受剪切承载力的要求，同时要满足抗渗要求。 局部柱距及柱荷载较大时，可在柱下板底加墩或设置暗梁且配置抗冲切箍筋，来增加板的局部抗剪切能力，避免因少数柱而将整个筏板加厚。 板厚除强度验算控制外，还要求筏形基础有较强的整体刚度。一般经验是筏板的厚度按地面上楼层数估算，每层约需板厚50～80mm。 对12层以上建筑的梁板式筏基的板厚不宜小于400mm，且板厚与最大双向板格的短边之比不小于1/20。 筏形基础厚度不得小于200mm，一般取200～400mm，但平板式基础，有时厚度可达1m以上。梁板式基础梁按计算确定，高出(或低于)底板顶(底)面一般不小于300mm，梁宽不小于250mm。筏板悬挑墙外的长度，从轴线起算横向不宜大于1500mm，纵向不宜大于1000mm，边端厚度不小于200mm
4	底板钢筋要求	筏板配筋由计算确定，按双向配筋。板厚小于300mm，构造要求可配置单层钢筋；板厚大于或等于300mm时，应配置双层钢筋。受力钢筋直径不宜小于12mm，间距为100～200mm；分布钢筋直径一般不宜小于8～10mm，间距为200～300mm。钢筋保护层厚度不宜小于35mm。底板配筋除符合计算要求外，纵横方向支承钢筋尚应分别有0.15%、0.10%配筋率通过。跨中钢筋按实际配筋率全部连通。在筏形基础周边附近的基底及四角反力较大，配筋应予加强
5	柱(墙)与基础梁的连接	地下室底层柱、剪力墙至梁板式筏基的基础梁边缘的距离不应小于50mm，构造示例如图5-36所示
6	其他要求	当高层建筑筏形基础下天然地基承载力或沉降变形不能满足要求时，可在筏形基础下加设各种桩(预制桩、钢管桩、灌注桩等)组合成桩筏复合基础。桩顶嵌入筏基底板内的长度，对于大直径桩，不宜小于100mm；对于中、小直径桩不宜小于50mm。桩的纵向钢筋锚入筏基底板内的长度不宜小于35d(d为钢筋直径)

(2) 筏形基础的施工

筏形基础施工工艺流程为：清理基坑及抄平→垫层施工→定位放线→钢筋绑扎→模板支设→模板清理→混凝土浇筑→混凝土振捣→混凝土找平→混凝土养护→模板拆除，如图5-37所示。

1) 筏形基础为满堂基础，基坑施工的土方量较大，首先应做好土方开挖，开挖时注意基底持力层不被扰动。当采用机械开挖时，不要挖到基底标高，应保留200mm左右，最后人工清槽。

2) 开槽施工中应做好排水工作，可采用明沟排水。当地下水位较高时，可预先采用人工降水措施，使地下水位降至基底500mm以下，保证基坑在无水的条件下进行开挖和基础施工。

3) 基坑施工完成后应及时进行验槽。验槽后清理槽底，进行垫层施工。垫层的厚度一般取100mm，混凝土强度等级不宜低于C15。

4) 当垫层混凝土达到一定强度后，使用引桩和龙门架在垫层上进行基础放线、绑扎钢筋、支设模板、固定柱或墙的插筋。

5) 筏形基础在浇筑前应搭建脚手架，以便运灰送料，并应清除模板内和钢筋上的垃圾、泥土、污物，木模板应浇水湿润。

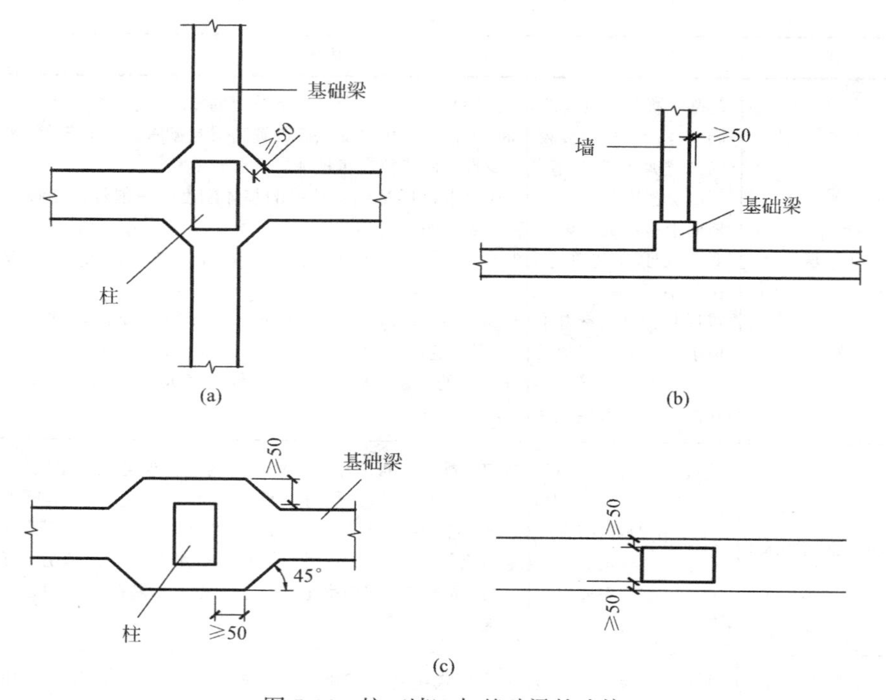

图 5-36　柱（墙）与基础梁的连接

(a) 交叉基础梁连接；(b) 基础梁与剪力墙的连接；(c) 单向基础梁与柱的连接

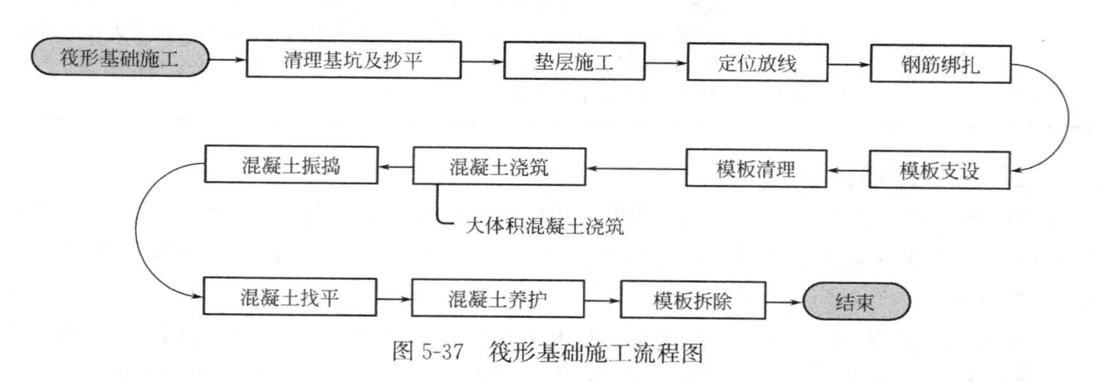

图 5-37　筏形基础施工流程图

6）混凝土浇筑方向应平行于次梁方向。对于平板式筏形基础，则应平行于基础的长边方向。筏形基础混凝土浇筑应连续施工，若不能整体浇筑完成，应设置竖直施工缝。施工缝的预留位置，当平行于次梁长度方向浇筑时，应在次梁中间 1/3 跨度范围内。对于平板式筏形基础的施工缝可在平行于短边方向的任何位置设置。

7）当继续开始浇筑时应进行施工缝处理，在施工缝处将活动的石子清除，用水清洗干净，浇洒一层水泥浆，再继续浇筑混凝土。

8）对于梁板式筏形基础，梁高出地板部分的混凝土可分层浇筑，每层浇筑厚度不宜超过 300mm。

9）基础浇筑完毕后，基础表面应覆盖并洒水养护。当混凝土强度达到设计强度的25%以上时即可拆模，待基础验收合格后即可回填土。

5.3　钢筋混凝土基础平法施工施工图识读

5.3.1　独立基础平法施工图识读

独立基础平法施工图有平面注写与截面注写两种表达方式。独立基础的平面注写包含集中标注和原位标注两部分。本文主要介绍平面注写表达。平面注写的内容如图5-38所示。

1.独立基础平面注写集中标注

普通独立基础和杯口独立基础的集中标注，系在基础平面图上集中引注，包括基础编号、截面竖向尺寸、配筋三项必注内容，以及基础底面标高（与基础底面基准标高不同时）和必要的文字注解两项选注内容。

（1）独立基础编号（表5-11，图5-39）

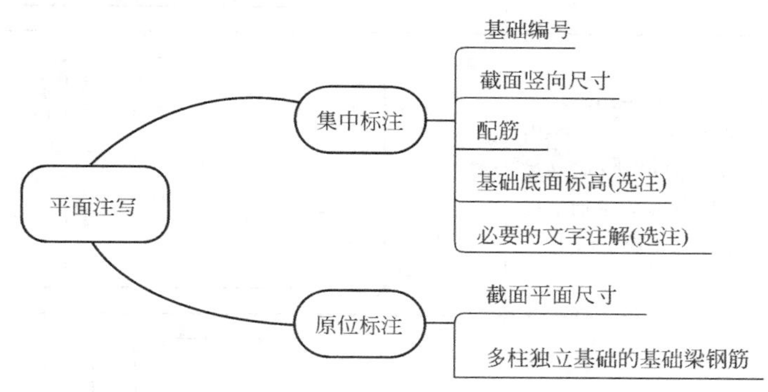

图5-38　独立基础平面注写内容

独立基础编号　　**表5-11**

类型	基础底板截面形状	代号	序号	说明
普通独立基础	阶形	DJ_J	××	1.单阶截面即为平板独立基础 2.坡形截面基础底板可为四坡、三坡、双坡及单坡
	坡形	DJ_P	××	
杯口独立基础	阶形	BJ_J	××	
	坡形	BJ_P	××	

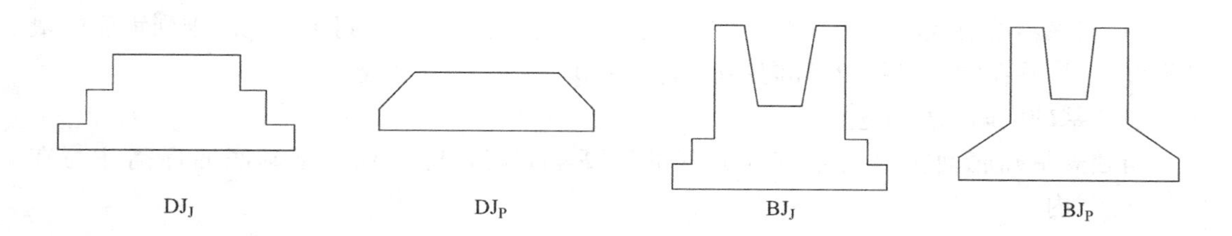

图5-39　独立基础类型

（2）截面竖向尺寸（表5-12）

独立基础截面表示　　表5-12

类型	表示方法	图示
普通阶形	由一组用"/"隔开的数字表示，比如：$h_1/h_2/\cdots/h_n$，分别表示自下而上的各阶的高度	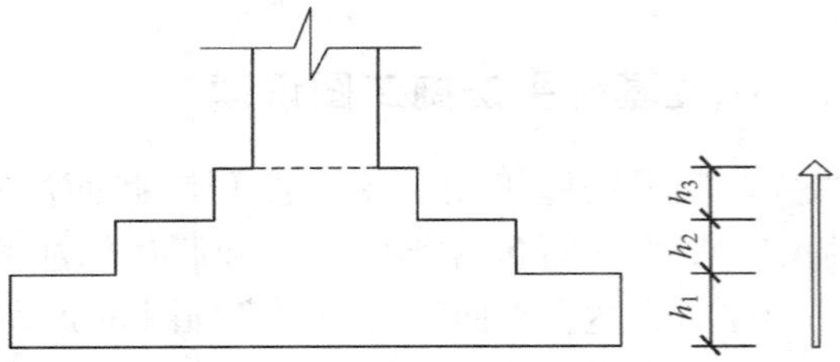 h_1 h_2 h_3
普通坡形	当基础为坡形截面时，注写方式为h_1/h_2	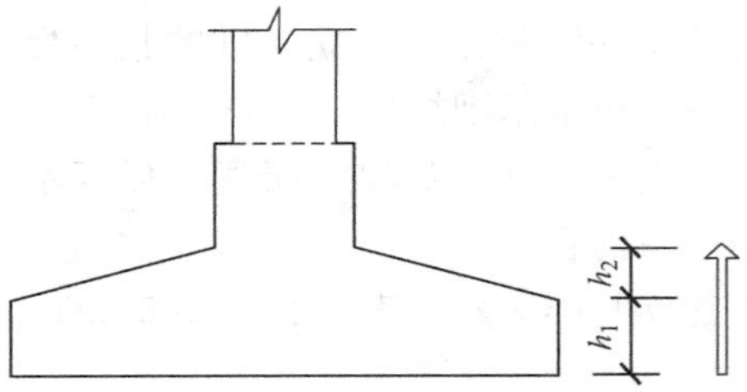 h_1 h_2
杯口阶形	由两组数据表示，前一组表示杯口内竖向尺寸（a_0/a_1），后一组表示杯口外竖向尺寸（$h_1/h_2/h_3$），$h_1/h_2/h_3$表示自下而上标注，a_0/a_1表示自上而下标注	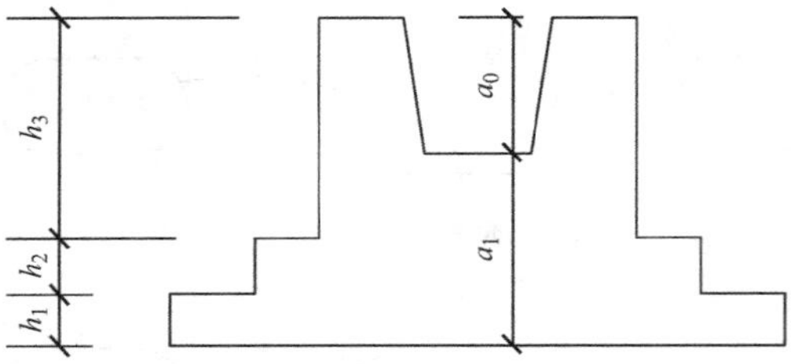 h_3 h_2 h_1 a_0 a_1
杯口坡形	当基础为坡形截面时，竖向尺寸注写为：a_0/a_1，$h_1/h_2/h_3$	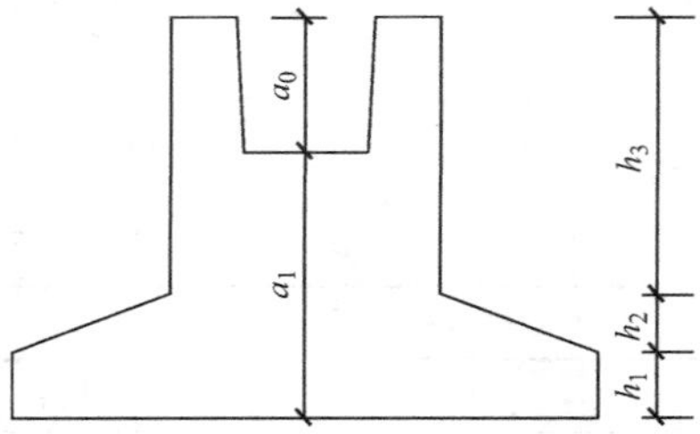 a_0 a_1 h_3 h_2 h_1

（3）配筋

1）以B代表各种独立基础底板的底部配筋；

2）X向配筋以X打头，Y向配筋以Y打头注写；当两向配筋相同时，以X&Y打头注写；

3）当采用放射状配筋时以Rs打头，先注写径向受力钢筋（间距以径向排列钢筋的最外端度量），并在"/"后注写环向钢筋（图5-40）。

（4）基础底面标高（选注项）

当独立基础底面标高与基础底面基准标高不同时，应将独立基础底面标高注写在"(　　)"内。

（5）文字注解（选注项）

当独立基础设计有特殊要求时，宜增加相应的文字说明。

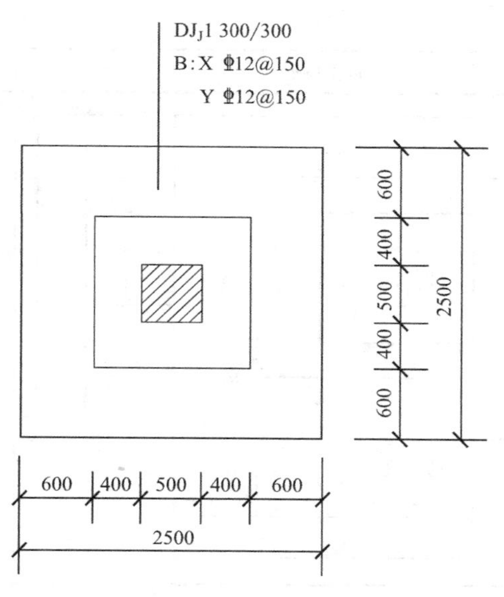

图 5-40　独立配筋表示方法

2. 独立基础平面注写原位标注

独立基础的原位系在基础平面布置图上标注独立基础截面尺寸，相同编号的独立基础可选一个进行标注，其他仅注编号。独立基础原位标注见表 5-13。

独立基础原位标注　　　　**表 5-13**

独立基础平面形状	平面注写形式	说明
对称阶形截面普通独立基础	x_1、x_2、x_c、x_2、x_1、x；y_1、y_2、y_c、y_2、y_1、y	x、y——独立基础两向边长； x_c、y_c——柱截面尺寸； x_i、y_i——阶宽或坡形截面尺寸
非对称阶形截面普通独立基础	x_1、x_2、x_c、x_3、x_4、x；y_4、y_3、y_c、y_2、y_1、y	x、y——独立基础两向边长； x_c、y_c——柱截面尺寸； x_i、y_i——阶宽或坡形截面尺寸

续表

独立基础平面形状	平面注写形式	说明
带短柱独立基础		x、y——独立基础两向边长； x_c、y_c——柱截面尺寸； x_i、y_i——阶宽或坡形截面尺寸； x_{DZ}、y_{DZ}——短柱截面尺寸

知识链接

杯口基础独立原位标注要注写杯口独立基础两向边长、杯口上口尺寸、壁厚、下口厚度等信息，具体内容查阅《混凝土结构施工图平面整体表示方法制图规则和构造详图（独立基础、条形基础、筏形基础、桩基础）》16G101-3。

3. 独立基础截面注写

独立基础截面注写方式，系在基础平面布置图上，对所有基础进行编号，分别在不同编号的基础中各选一个基础用剖面号配筋图，并在其上表示出截面尺寸和配筋的表达方式，如图 5-41 所示。

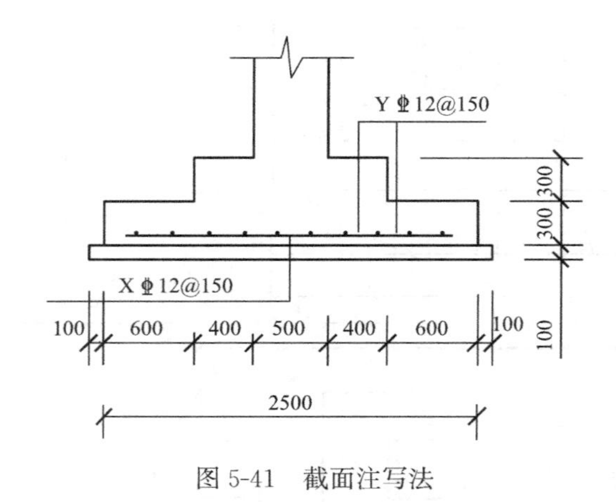

图 5-41　截面注写法

知识链接

独立基础的截面注写可分截面标注和列表注写，具体内容查阅《混凝土结构施工图平面整体表示方法制图规则和构造详图（独立基础、条形基础、筏形基础、桩基础）》16G101-3。

5.3.2　条形基础平法施工图识读

条形基础平法施工图有平面注写与截面注写两种表达方式。平面注写包含集中标注和原位标注两部分。条形基础平面注写可分基础底板平面注写和基础梁平面注写。本文主要介绍基础底板平面注写表达。

1. 条形基础底板集中标注

条形基础底板的集中标注，系在基础平面图上集中引注，包括条形基础底板编号、截面竖向尺寸、配筋三项必注内容，以及基础底面标高（与基础底面基准标高不同时）和必要的文字注解两项选注内容。

（1）条形基础底板编号（表5-14）

条形基础梁及底板编号　　**表5-14**

类型		代号	序号	跨数及有无外伸
基础梁		JL	××	(××)端部无外伸 (××A)一端有外伸 (××B)两端有外伸
条形基础底板	坡形	TJB_P	××	
	阶形	TJB_J	××	

注：条形基础通常采用坡形截面或单阶形截面。

（2）截面竖向尺寸（必注）

① 阶形截面独立承台：各阶尺寸自下而上用“/”分割顺序注写，即$h_1/h_2/\cdots$

② 坡形截面独立承台：截面尺寸注写为h_1/h_2。

（3）配筋

以B打头，注写条形基础底板底部的横向受力钢筋；以T打头，注写条形基础底板顶部的横向受力钢筋；注写时，用“/”分隔条形基础底板的横向受力钢筋与构造配筋。如图5-42所示。

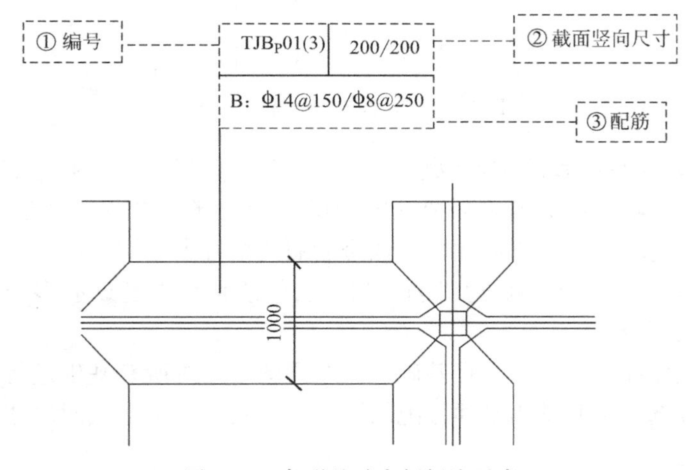

图5-42　条形基础底板标注示意

（4）基础底面标高（选注项）

当条形基础底板底面标高与基础底面基准标高不同时，应将条形基础底板底面标高注写在“（　　）”内。

（5）必要的文字注解（选注项）

当条形基础设计有特殊要求时，宜增加相应的文字说明。

2.条形基础底板原位标注

原位注写条形基础底板的平面尺寸。原位标注 b，b_i，$i=1$，2，…其中 b 为基础底板总宽度，b_i 为基础底板台阶的宽度。对于相同编号的条形基础底板，可仅选择一个进行标注。

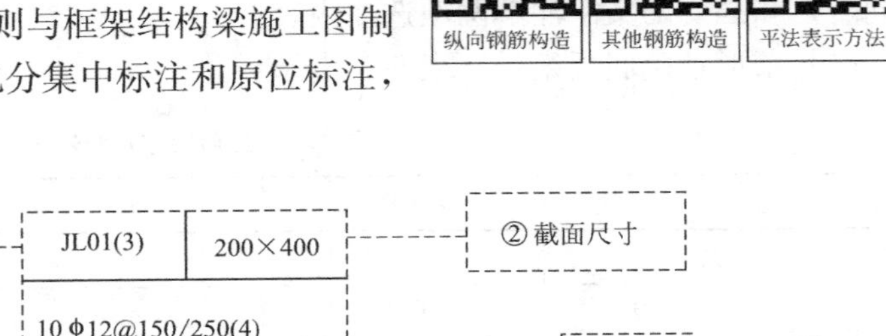

3.条形基础梁平面注写法

基础梁 JL 施工图的制图规则与框架结构梁施工图制图规则类似，其平面注写方式也分集中标注和原位标注，如图 5-43 所示。

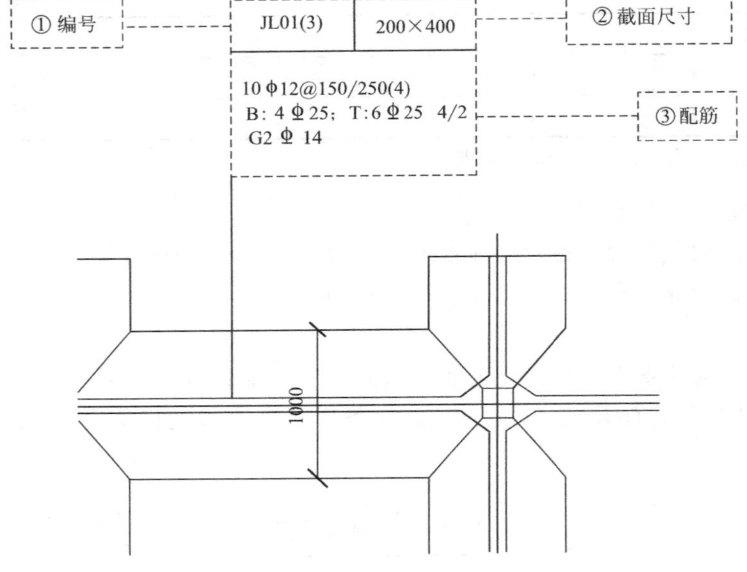

图 5-43　条形基础梁标注示意

① 以 B 打头，注写梁底部贯通纵筋（不应少于梁底部受力钢筋总截面面积的 1/3）。当跨中所注根数少于箍筋肢数时，需要在跨中增设梁底部架立筋以固定箍筋，采用“+”将贯通纵筋与架立筋相连，架立筋注写在加号后面的括号内。

② 以 T 打头，注写梁顶部贯通纵筋；当梁底部或顶部贯通纵筋多于一排时，用“/”将各排纵筋自上而下分开。

条形基础的截面注写方式，系在基础平面布置图上，对所有基础进行编号，分别在不同编号的基础中各选一个基础用剖面号配筋图，并在其上表示出截面尺寸和配筋的表达方式。在此不再详述。

知识链接

条形基础识图

条形基础的截面注写可分截面标注和列表注写，见表 5-15、表 5-16。具体内容查阅《混凝土结构施工图平面整体表示方法制图规则和构造详图（独立基础、条形基础、筏形基础、桩基础）》16G101-3。

基础梁几何尺寸和配筋表　　表 5-15

基础梁编号/截面号	截面几何尺寸		配筋	
	$b \times h$	加腋 $C_1 \times C_2$	底部贯通纵筋＋非贯通纵筋，顶部贯通纵筋	第一种箍筋/第二种箍筋

条形基础底板几何尺寸和配筋表　　表 5-16

基础底板编号/截面号	截面几何尺寸			底部配筋(B)	
	b	b_i	h_1/h_2	X 向受力钢筋	Y 向构造钢筋

5.3.3　筏形基础平法施工图识读

筏形基础类型　梁板式筏形基础梁平法表示　梁板式筏形基础底板平法表示

筏形基础分为梁板式和平板式基础。筏形基础平法施工图表示方法主要为平面表示法。

1. 梁板式筏形平法基础施工图识读

（1）梁板式筏形基础编号

梁板式筏形基础由基础主梁、基础次梁、基础平板等构成，编号见表 5-17。

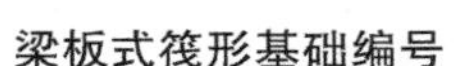

梁板式筏形基础编号　　表 5-17

类型	代号	序号	跨数及有无外伸
基础主梁	JZL	××	(××)端部无外伸 (××A)一端有外伸 (××B)两端有外伸
基础次梁	JCL	××	
梁板式筏基基础平板	LPB	××	

（2）梁板式筏形基础配筋表示

梁板式筏形基础平法施工图将其分解为基础梁和基础底板分别进行表达，如图 5-44、表 5-18 所示。

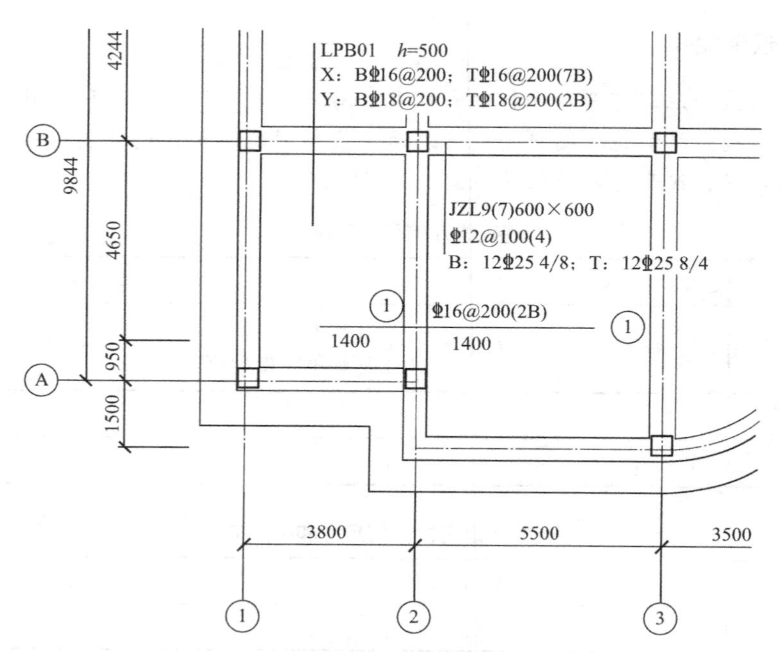

图 5-44 梁板式筏形基础底板标注示意

基础平板标注 **表 5-18**

标注项	注写形式	表达内容
编号、序号	LBP××	基础平板标号，包括代号和序号
截面尺寸	h=××××	基础平板厚度
配筋	X:B⏀××@×××； T⏀××@×××；(×、×A、×B) Y:B⏀××@×××； T⏀××@×××；(×、×A、×B)	先注写 X 向底部(B 打头)贯通纵筋与顶部(T 打头)贯通纵筋及纵向长度范围；再注写 Y 向底部(B 打头)贯通纵筋与顶部(T 打头)贯通纵筋及纵向长度范围

基础梁标注同框架梁。

知识链接

框架梁（KL）是指两端与框架柱（KZ）相连的梁，或者两端与剪力墙相连但跨高比不小于 5 的梁。按照位置可分为：屋面框架梁、楼层框架梁、地下框架梁。

2.平板式筏板基础平法施工图识读

平板式筏形基础由柱下板带 ZXB 和跨中板带 KZB 构成。

柱下板带 ZXB 与跨中板带 KZB 的平面注写，分板带底部与顶部贯通纵筋的集中标注，板带底部附加非贯通纵筋的原位标注两部分，如图 5-45 所示。在此不再详述。具体内容查阅《混凝土结构施工图平面整体表示方法制图规则和构造详图（独立基础、条形基础、筏形基础、桩基础）》16G101-3。

当设计不分板带时，则可按基础平板 BPB 进行表达。

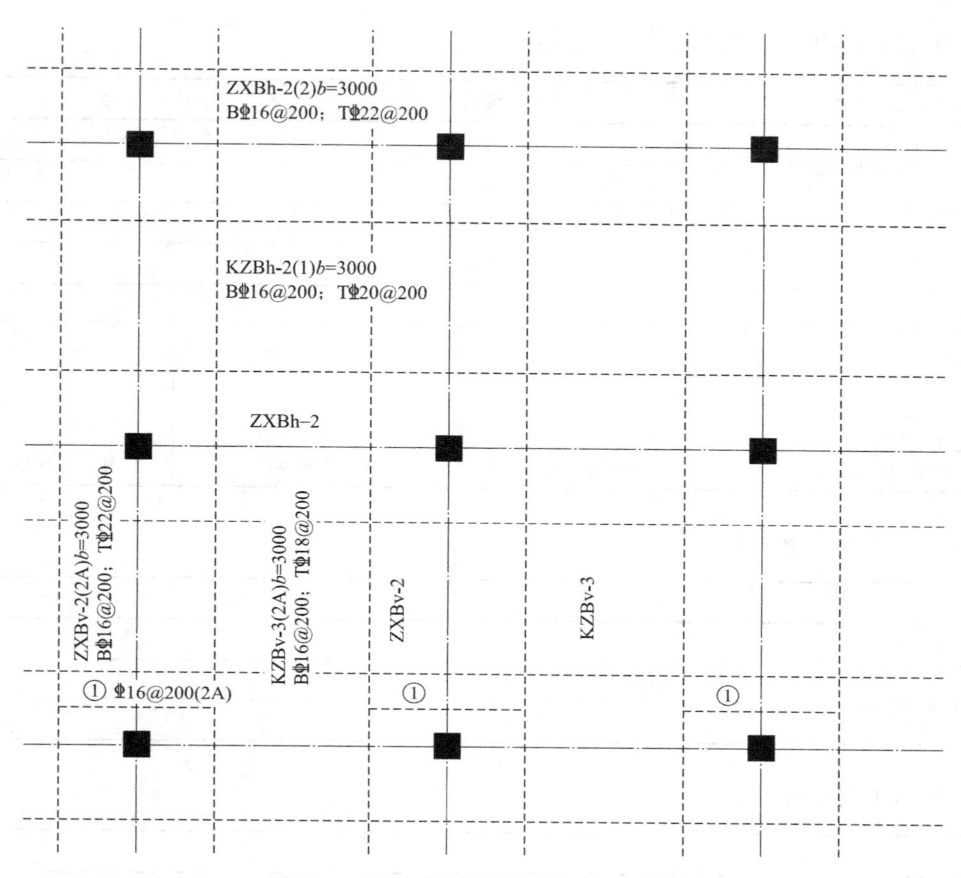

图 5-45　平板式筏形基础底板标注示意图

【单元总结】

本单元内容包含浅基础认知、浅基础构造与施工及钢筋混凝土基础施工图识读。重点阐述了几种浅基础的构造要求、施工工艺流程以及几种钢筋混凝土基础的施工图识读要点。

【思考与练习】

一、填空题

1. 一般将埋深________的基础定义为浅基础。

2. 基础埋深要求大于原有建筑物基础埋深时，新旧两基础之间应有一定的净距，一般可取相邻基础底面高差的________倍。

3. 筏形基础可分为平板式筏形基础和________________。

4. 为保证在刚性基础内的拉应力、剪应力不超过基础的容许抗拉、抗剪强度，一般通过构造上加以限制，即刚性角（宽高比）需满足________。

5. 砖基础的大放脚通常有________________和________________两种方式。

6. 钢筋混凝土柱下独立阶梯形基础的每阶高度，宜为________ mm；阶梯形基础高度为 500～900mm 时，用________阶，大于 900mm 时，用________阶。

7. 填写下表中独立基础代号，并绘制其示意图。

类型	基础底板截面形状	代号
普通独立基础	阶形	
	坡形	
杯口独立基础	阶形	
	坡形	

普通阶形基础	普通坡形基础	杯口阶形基础	杯口独立基础

8. 填写下表中条形基础代号。

类型		代号
基础梁		
条形基础底板	坡形	
	阶形	

9. 填写下表中筏形基础代号。

类型	代号
基础主梁	
基础次梁	
梁板式筏基基础平板	

二、单选题

1. 下列基础不是刚性基础的是（　　）。

A. 砖基础　　B. 毛石基础

C. 混凝土基础　　D. 钢筋混凝土基础

2. 下列不属于砖基础的施工工艺是（　　）。

A. 定位放线　　B. 摆砖撂底

C. 盘角挂线　　D. 混凝土浇筑

3. 为了保证砖砌体的整体性，内外墙基础应同时砌筑。否则，应留置斜槎，斜槎长度不应小于高度的（　　）。

A. 1/2　　B. 1/3　　C. 2/3　　D. 3/4

4. 下列不属于钢筋混凝土基础的是（　　）。

A. 柱下独立基础　　B. 毛石混凝土基础

C. 墙下条形基础　　D. 筏形基础

5. 条形基础梁顶部和底部的纵向受力钢筋除满足计算要求外，顶部钢筋按计算配筋全部贯通，底部通长钢筋不应少于底部受力钢筋截面总面积的（　　）。

A. 1/2　　B. 1/3　　C. 2/3　　D. 3/4

三、多选题

1. 基础按受力形式可分为刚性基础和柔性基础，下列属于柔性基础的特点的有（　　）。

A. 基础本身具有一定的抗压强度，能承受上部结构的竖向荷载

B. 基础具有一定的抗拉、抗剪强度

C. 基础能承受挠曲变形及其所产生的拉应力和剪应力

D. 基础本身不配置钢筋

E. 基础变形大

2. 下列属于筏形基础的有（　　）。

A. 平板式筏基　　B. 梁板式筏基

C. 满堂红基础　　D. 箱形基础

E. 柱下十字形基础

3. 下列是砖基础等高式大放脚的砌筑方式的有（　　）。

A. 两皮一收和一皮一收相间隔

B. 两边各收进 1/4 砖长，即高为 120mm 与 60mm，宽为 60mm

C. 两皮一收

D. 两边各收进 1/4 砖长，即高为 120mm、宽为 60mm

E. 每一阶高度相等

4. 砖基础砌筑的施工中，常用“三一”砌砖法，三一法是指（　　）。

A. 一湿砖　　B. 一铲灰　　C. 一块砖　　D. 一挤揉

E. 一清理

5. 关于钢筋混凝土独立基础底板配筋，下面说法正确的是（　　）。

A. 底板钢筋的面积按计算确定

B. 底板钢筋一般采用 HPB300、HRB335 级钢筋，钢筋保护层厚度，有垫层时不小于 35mm，无垫层时不小于 70mm

C. 底板配筋宜延长边和短边方向均匀布置，且长边钢筋放置在下排

D. 当基础的边长尺寸大于 2.5m 时，受力钢筋的长度可缩短 20%，钢筋应交错布置

E. 钢筋直径不宜小于 10mm，间距不宜大于 200mm，也不宜小于 100mm

四、问答题

1. 浅基础按材料可分为哪几种基础？简述几种浅基础的特点及适用范围。

2. 浅基础按构造可分为哪几种基础？简述几种浅基础的特点及适用范围。

3. 简述砖基础的施工流程，绘制施工流程图。

4. 简述毛石基础的施工流程，绘制施工流程图。

5. 简述混凝土基础的施工流程。

6. 简述现浇钢筋混凝土独立基础施工工艺流程。

7. 简述墙下条形基础施工工艺流程。

8. 简述筏形基础施工工艺流程。

9. 简述下图独立基础配筋表示。

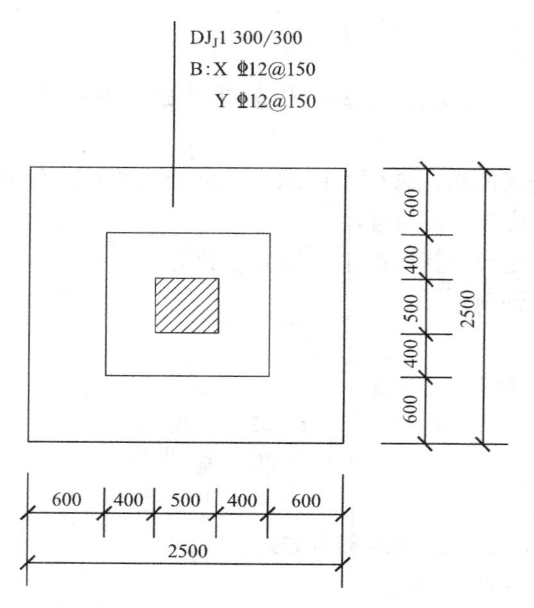

10. 简述下图筏形基础配筋表示。

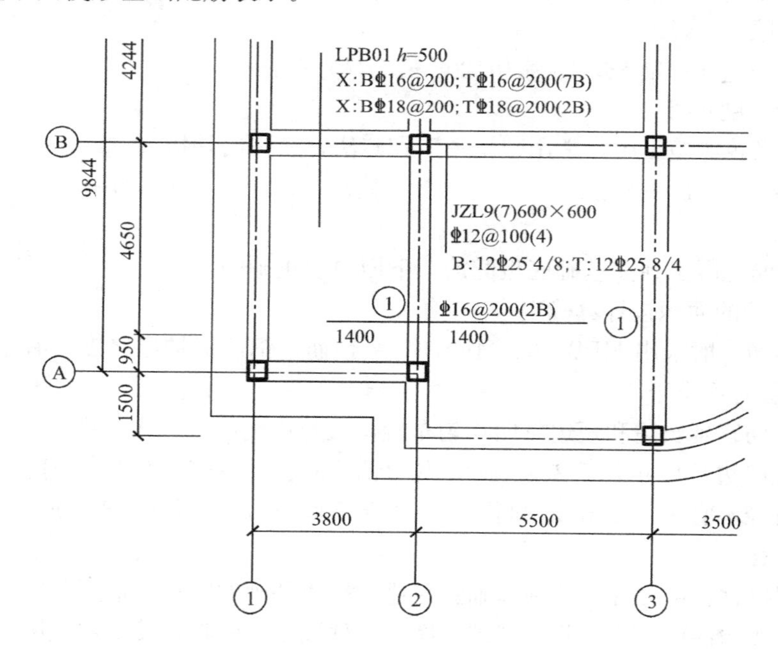

教学单元6　桩基础工程

【教学目标】

1. 知识目标

能说出桩基础的定义、组成、分类；

能阐述端承桩、摩擦桩的定义及区别；

能准确识读桩基础施工图；

能正确计算单桩承载力；

能写出沉管灌注桩施工工艺；

能说出沉管灌注桩施工质量要点；

能写出钢管桩施工工艺；

能说出钢管桩桩施工质量要点；

能写出预制桩施工工艺；

能说出预制桩施工质量要点。

2. 能力目标

具备施工图会审的能力；

具备桩基施工质量验收能力；

具备简单施工方案编写能力；

具备简单施工质量问题处理能力；

具备分析问题解决问题能力；

具备沟通交流、团队协作能力。

【思维导图】

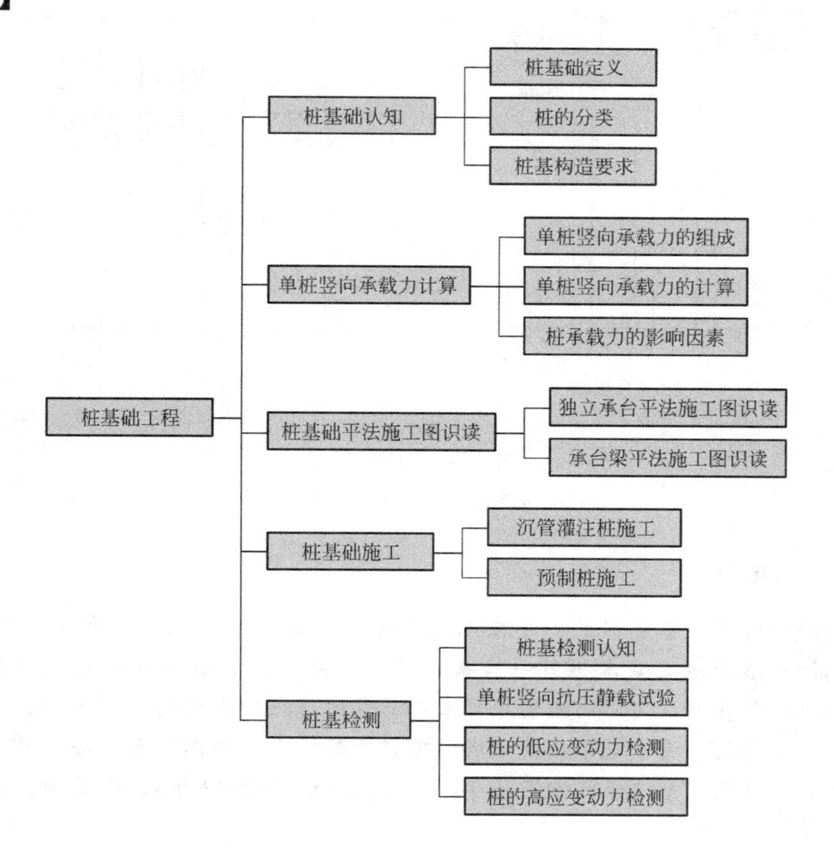

在建筑工程中，当天然地基土承载力无法满足建筑物对地基的要求时，可以采用深基础，将建筑物的荷载传到较深土层或岩层上。桩基础是深基础形式中应用最多、最广的一种基础形式。桩基础是一种发展迅速、应用广泛的基础形式，它由若干埋入土中的桩和连接桩顶承台组成。

6.1 桩基础认知

6.1.1 桩基础定义

桩基础由一根或数根单桩（也称基桩）和连接于桩顶的承台共同组成，如图 6-1 所示。承台将各桩连成一整体，把上部结构传来的荷载转换、调整分配于各桩，由穿过软土土层或水的桩传递到深部较坚硬、压缩性小的土层或岩层。当承台底面低于地面以下时，承台称为低承台，相应的桩基础为低承台桩基础；当承台底面高于地面时，承台称为高承台，相应的桩基础为高承台桩基础。民用和工业建筑多用低承台建筑。

桩承台基础类型

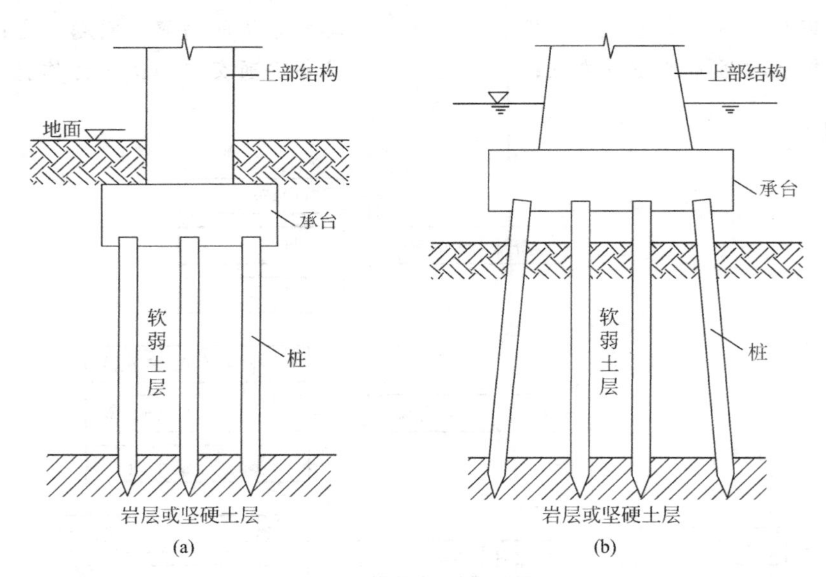

图 6-1　桩基础示意

（a）低承台桩基；（b）高承台桩基

知识链接

桩基是一种古老的基础形式。早在七八千年前的新石器时代，人们为了防止猛兽侵犯，曾在湖泊和沼泽地里栽木桩筑平台来修建居住点。这种居住点称为湖上住所。在中国，最早的桩基是在浙江省河姆渡的原始社会居住的遗址中发现的。到宋代，桩基技术已经比较成熟。现存的上海市龙华镇龙华塔（重建于北宋太平兴国二年，公元 977 年）和山西太原市晋祠圣母殿（始建于北宋天圣年间，公元 1023—1032 年），都是中国现存的采用桩基的古建筑。

由于桩基础具有承载力高、稳定性好、沉降量小而均匀等特点，因此在土质不良地区修建各种建筑物普遍采用桩基础。下列情况可考虑采用桩基础：

① 天然地基承载力和变形不能满足要求的高重建筑物；

② 天然地基承载力基本满足要求，但沉降量过大，需利用桩基减少沉降的建筑物，如软土地基上的多层住宅建筑，或在使用上、生产上对沉降限制严格的建筑物；

③ 重型工业厂房和荷载很大的建筑物，如仓库、料仓等；

④ 软弱地基或某些特殊性土上的各类永久性建筑物；

⑤ 作用有较大水平力和力矩的高耸结构物（如烟囱、水塔等）的基础，或需以桩承受水平力或上拔力的其他情况；

⑥ 需要减弱其振动影响的动力机器基础，或以桩基作为地震区建筑物的抗震措施；

⑦ 地基土有可能被水流冲刷的桥梁基础；

⑧ 需穿越水体和软弱土层的港湾与海洋构筑物基础，如栈桥、码头、海上采油平台及输油、输气管道支架等。

6.1.2　桩的分类

目前桩的分类主要从桩径、桩身截面形状、受力状态、桩身材料、成桩方法、成桩对地基土的影响等几方面划分，如图 6-2 所示。

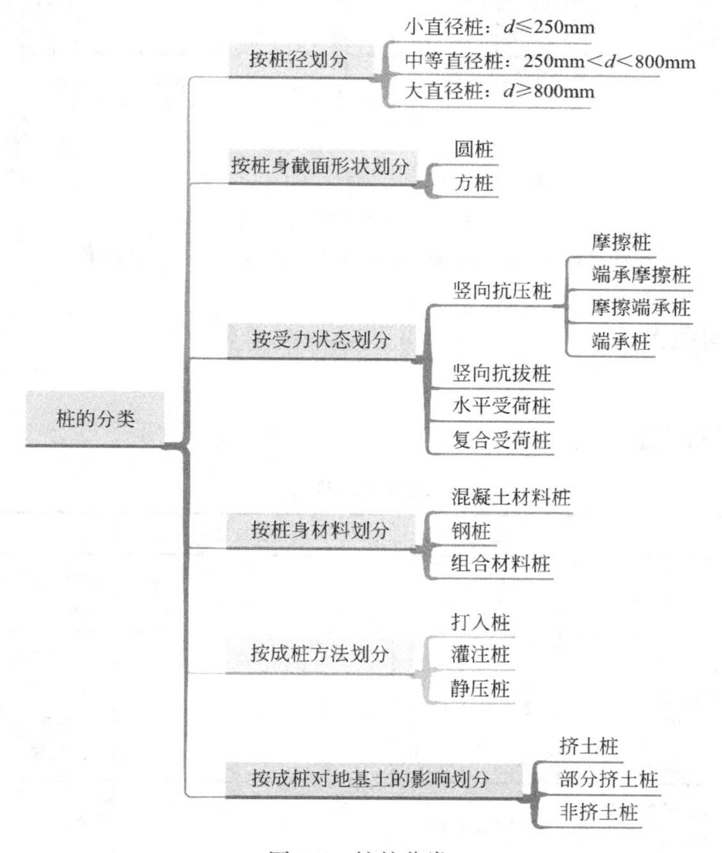

图 6-2　桩的分类

知识链接

摩擦桩：竖向极限荷载作用下，桩顶荷载全部或绝大部分由桩侧阻力承担，桩端阻力小到可以忽略不计。

端承摩擦桩：竖向极限荷载作用下，桩顶荷载主要由桩侧阻力承担，端阻力分担荷载的比例一般不大于30%。

端承桩：竖向极限荷载作用下，桩顶荷载全部或绝大部分由端阻力承担，桩阻桩侧力小到可以忽略不计。

摩擦端承桩：竖向极限荷载作用下，桩顶荷载主要由端阻力承担，桩侧阻力分担比例一般不大于30%。各类桩如图6-3所示。

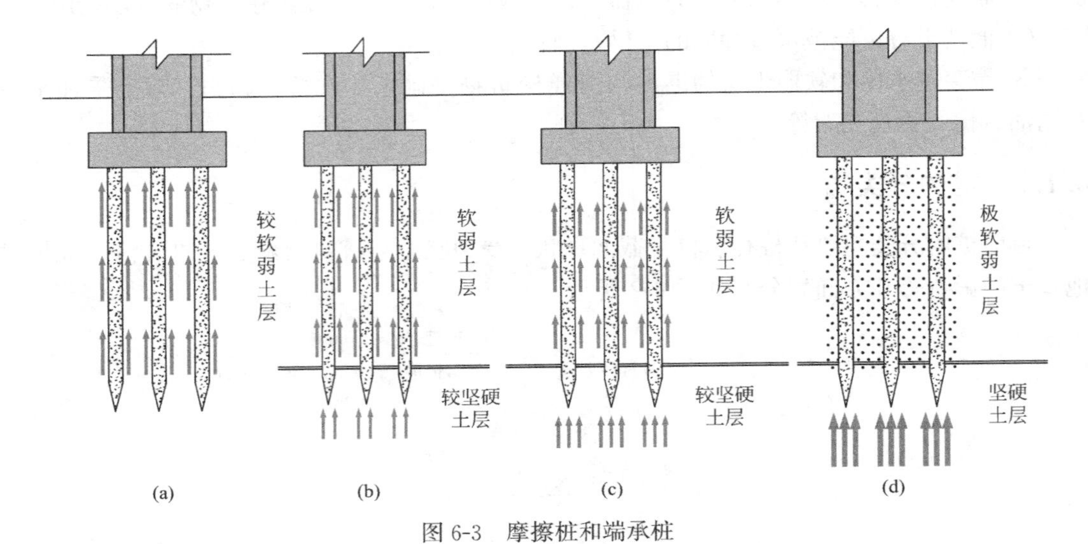

图6-3　摩擦桩和端承桩

(a)摩擦桩；(b)端承摩擦桩；(c)摩擦端承桩；(d)端承桩

6.1.3　桩基构造要求

1. 基桩构造

(1) 基桩材料构造(表6-1)

基桩材料构造　　**表6-1**

桩型	尺寸	混凝土等级	主筋直径	配筋率
灌注桩	不应低于C25	桩身不应低于C25	受水平荷载：不应小于8ϕ12 抗压、抗拔：不应小于6ϕ10	最小配筋率不宜小于0.2%～0.65%
混凝土预制桩	截面边长不小于200mm	不宜低于C30	不宜小于14mm	最小配筋率不宜小于0.8%(打入式) 最小配筋率不宜小于0.6%(静压桩)
混凝土预应力预制桩	实心桩截面边长不小于350mm	不应低于C40	不宜小于14mm	—

（2）桩长构造要求

桩的长度主要取决于桩端持力层的选择。桩端最好进入坚硬土层或岩层，采用嵌岩桩端承桩；当坚硬土层埋藏很深时，则宜采用摩擦桩基，桩端应尽量达到低压缩性、中等强度的土层上。当硬持力层较厚且施工条件允许时，桩端进入持力层的深度（表 6-2）应尽可能达到桩端阻力的临界深度，以提高桩端阻力。

桩长构造要求　　　　**表 6-2**

地质条件	桩型	持力层土质类型	桩端进入持力层的深度
坚硬土层埋藏很深	摩擦桩	黏性土、粉土	不宜小于 $2d$
		砂类土	不宜小于 $1.5d$
		碎石类土	不宜小于 $1d$
当存在软弱下卧层时	摩擦桩	—	硬持力层厚度不宜小于 $4d$
岩石	嵌岩灌注桩	岩体	嵌入微风化或中等风化岩体的最小深度不宜小于 0.5m
当硬持力层较厚且施工条件允许时	摩擦桩	砂、砾	桩端阻力临界深度：$3\sim6d$
		粉土、黏性土	桩端阻力临界深度：$5\sim10d$

（3）基桩中心距构造要求

基桩排布时应该考虑成桩工艺特点、桩距与群桩效应的关系，选择合理桩距。桩的中心距宜符合表 6-3 要求。对于大面积桩群，尤其挤土桩，桩的最小中心距宜按表列值适当加大。

桩的最小中心距　　　　**表 6-3**

土类与成桩工艺		排数不少于 3 排且桩数不少于 9 根的摩擦型桩基	其他情况
非挤土灌注桩		$3.0d$	$3.0d$
部分挤土桩		$3.5d$	$3.0d$
挤土灌注桩	非饱和土	$4.0d$	$3.5d$
	饱和软土	$4.5d$	$4.0d$
扩底钻、挖孔桩		$2D$ 或 $D+2.0$m（当 $D>2$m）	$1.5D$ 或 $D+1.5$m（当 $D>2$m）
沉管夯扩、钻孔挤扩	非饱和土	$2.2D$ 且 $4.0d$	$2.0D$ 且 $3.5d$
	饱和软土	$2.5D$ 且 $4.5d$	$2.2D$ 且 $4.0d$

注：1. d—圆桩直径或方桩边长，D—扩大端设计直径。
2. 当纵横向桩距不等时，其最小桩中心距应满足“其他情况”一栏规定。
3. 当为端承桩时，非挤土灌注桩的“其他情况”一栏可减小至 $2.5d$。

知识链接

扩底桩是底部直径大于上部桩身直径的灌注桩。其单桩承载力比桩身直径相同的直桩的承载力有较大提高。

2. 承台构造

(1) 承台材料要求

① 混凝土

为保证承台有足够的抗冲切、抗弯、抗剪切和局部承压承载力，承台混凝土强度等级不应低于C20。承台混凝土材料及其强度等级应符合结构混凝土耐久性的要求和抗渗要求。承台底面钢筋的混凝土保护层厚度，当有混凝土垫层时，不应小于50mm，无垫层时不应小于70mm；此外尚不应小于桩头嵌入承台内的长度。承台构造钢筋的混凝土保护层厚度不宜小于35mm。

② 钢筋

承台受力钢筋应通长布置，不应长短相间或缩短后交叉布置。矩形承台板配筋按双向均匀布置，受力钢筋直径不宜小于10mm，间距不应大于200mm，同时不应小于100mm。承台梁的纵向主钢筋直径不宜小于12mm。架立钢筋直径不宜小于10mm，箍筋直径不应小于6mm。如图6-4所示。

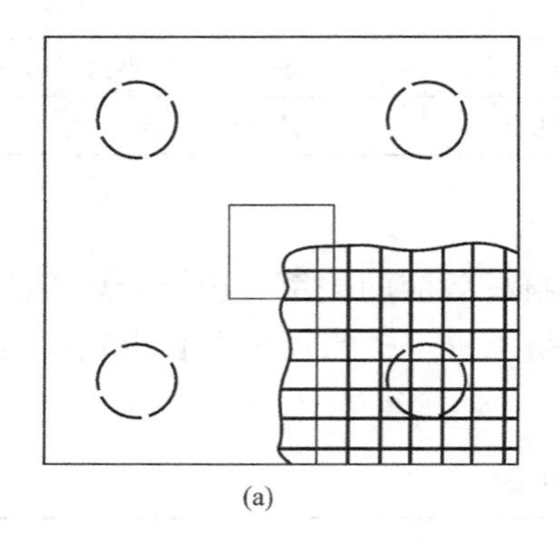

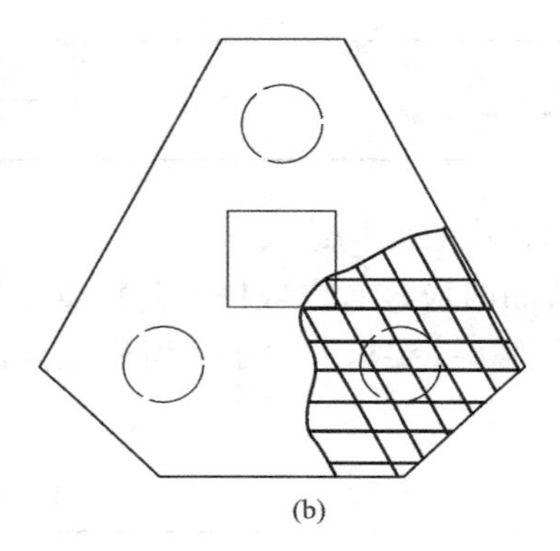

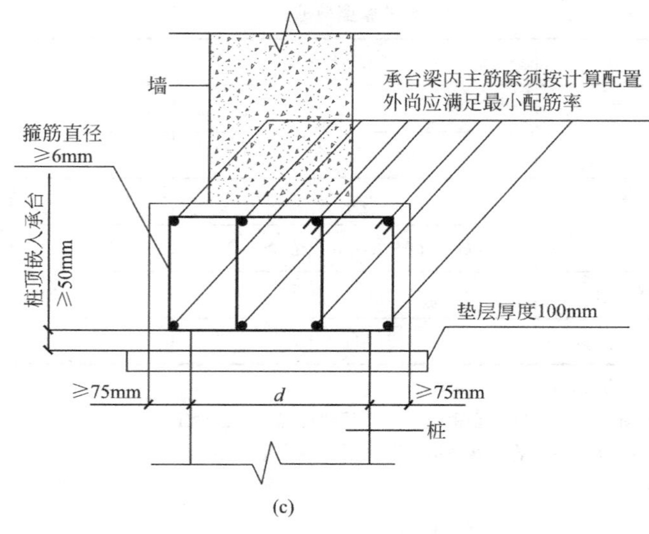

图6-4　承台配筋示意

(a) 矩形承台配筋；(b) 三桩承台配筋；(c) 墙下承台梁配筋

（2）承台尺寸和形状要求

① 对于独立承台和筏形承台，根据上部结构类型和布桩要求，可采用矩形、三角形、多边形和圆形等形式的现浇承台板；对于条形和井格形承台，一般采用现浇连续承台梁，当需防冻胀或基地土膨胀时，为便于承台梁设置防胀设施，也可采用预制承台梁。

② 独立柱下桩基承台的最小宽度不应小于500mm，边桩中心至承台边缘的距离不应小于桩的直径或边长，且桩的外边缘至承台边缘的距离不应小于150mm。对于墙下条形承台梁，桩的外边缘至承台边缘的距离不应小于75mm。承台的最小厚度不应小于300mm。

高层建筑平板式和梁板式筏形承台的最小厚度不应小于400mm。

6.2　单桩竖向承载力计算

6.2.1　单桩竖向承载力的组成

根据单桩轴向荷载传递的过程机理，单桩竖向承载力由桩周摩阻力和桩端阻力组成。

6.2.2　单桩竖向承载力的计算

确定单桩承载力

单桩竖向承载力主要取决于桩身材料强度和地基土对桩的支撑能力。单桩竖向承载力一般宜采用现场静载荷试验并结合其他原位测试成果或经验参数估算等方法综合确定。在此以经验参数估算为例进行讲解。

1. 根据《建筑地基基础设计规范》GB 50007估算单桩承载力

初步设计时单桩承载力估算公式

$$R_k = u\sum q_{sik}l_i + q_{pk}A_p \tag{6-1}$$

式中：R_k——单桩竖向承载力特征值（kN）；

q_{sik}，q_{pk}——分别为第i层土的桩周极限侧阻力和桩端极限阻力（kPa）；

u——桩身周长；

l_i——桩穿越第i层土的厚度；

A_p——桩端面积。

【例6-1】 某桩基础，桩径0.5m，钢筋混凝土预制桩，桩长12m，承台埋深1.2m，土层分布：0～3m为新填土，$q_{sik}=24$kPa；3～7m为可塑状黏土，$q_{sik}=66$kPa；7m以下为中密中砂，$q_{sik}=64$kPa，$q_{pk}=5700$kPa。计算单桩承载力特征值。

解：$R_k = u\sum q_{sik}l_i + q_{pk}A_p = 1.57\times(24\times1.8+66\times4+6.2\times64)+5700\times0.196$

$=1105.3+1117.2=2222.5$（kN）

$R_a=2222.5/2=1111.2$（kN）

2. 根据桩身混凝土强度确定单桩抗压承载力

（1）桩身混凝土强度应满足桩的承载力要求，根据《建筑地基基础设计规范》GB 50007、《建筑桩基技术规范》JGJ 94，按下式估算单桩桩顶轴向压力设计值N（不考虑钢筋）：

$$N=\psi_c f_c A_p \tag{6-2}$$

式中：f_c——桩身混凝土轴心抗压强度设计值（kPa）；

ψ_c——工作条件系数，《建筑地基基础设计规范》GB 50007 中规定灌注桩取 0.6～0.7；基桩成桩工艺系数，《建筑桩基技术规范》JGJ 94 中规定灌注桩取 0.7～0.8；

A_p——桩身混凝土截面面积。

（2）考虑桩身混凝土强度和主筋抗压强度，确定荷载效应基本组合下单桩桩顶轴向压力设计值 N：

$$N=\psi_c f_c A_{ps}+\beta f_y A_s \tag{6-3}$$

式中：f_c——桩身混凝土轴心抗压强度设计值（kPa）；

ψ_c——工作条件系数，《建筑地基基础设计规范》GB 50007 中规定灌注桩取 0.6～0.7；基桩成桩工艺系数，《建筑桩基技术规范》JGJ 94 中规定灌注桩取 0.7～0.8；

A_{ps}——扣除主筋截面面积后桩身混凝土截面面积；

A_s——钢筋主筋截面面积之和；

β——钢筋发挥系数，取 0.9；

f_y——钢筋的抗压强度设计值。

知识链接　单桩竖向抗压静载试验

静载试验是指在桩顶部逐级施加竖向压力、竖向上拔力或水平推力，观测桩顶部随时间产生的沉降、上拔位移或水平位移，以确定相应的单桩竖向抗压承载力、单桩竖向抗拔承载力或单桩水平承载力的试验方法。

静载试验采用接近于竖向抗压桩的实际工作条件的试验方法，确定单桩竖向（抗压）极限承载力，作为设计依据，或对工程桩的承载力进行抽样检验和评价。当埋设有桩底反力和桩身应力、应变测量元件时，尚可直接测定桩周各土层的极限侧阻力和极限端阻力。除对于以桩身承载力控制极限承载力的工程桩试验加载至承载力设计值的 1.5～2 倍外，其余试桩均应加载至破坏。

6.2.3　桩承载力的影响因素

桩承载力除取决于桩端、桩侧土外，还与以下几方面因素有关：

（1）桩身材料强度。桩的承载力必须满足桩身材料强度要求，包括在各种荷载作用下，传递到桩顶荷载效应必须满足桩身材料强度的要求，同时也要满足施工条件下桩身材料强度要求。

（2）桩的形状和截面形式。上大下小的楔形桩、扩底桩的承载力明显高于等截面的桩。

（3）桩土的结合状态。桩土的结合状态好坏对桩的承载力有很大的影响，很多情况下由于施工的原因造成桩土结合状态差，如泥浆比重过大造成桩侧泥皮过厚，使桩身和桩侧土之间存在润滑剂的介质，桩身荷载不能有效地传递到桩侧土中，桩的承载力大幅度下降。

（4）施工工艺。不同的施工工艺对桩的承载力有一定影响，有些有利、有些有害，这主要取决施工工艺对桩侧、桩端土的影响，以及施工工艺本身的问题，如泥浆护壁钻孔灌注桩桩底沉渣和桩侧泥皮对承载力的影响。

（5）上部结构所允许的变形。

6.3　桩基础平法施工图识读

独立桩承台构造

桩基础平法施工图主要是桩基承台平法施工图，桩基承台分为独立承台和承台连梁两种。桩基承台平法施工图有平面注写与截面注写两种表达方法。本节主要讲述平面注写表达方法的桩基承台施工图识读。

6.3.1　独立承台平法施工图识读

独立桩基承台的平法表示

独立承台的平面注写包含集中标注和原位标注两部分。

1. 集中标注

独立承台的集中标注系在承台平面图上集中引注独立承台编号、截面尺寸及配筋三项必注内容，以及当承台板底面标高与承台底面基准标高不同时的承台底面标高和必要的文字说明。

（1）独立承台编号（必注）

独立承台的截面形式通常有两种：阶形截面和坡形截面，见图6-5。独立承台编号见表6-4。

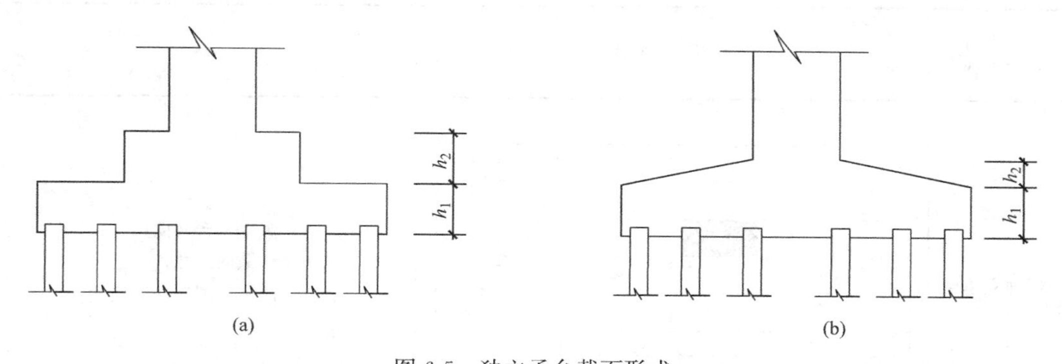

图6-5　独立承台截面形式

（a）阶形截面独立承台竖向尺寸；（b）坡形截面独立承台竖向尺寸

独立承台编号　　**表6-4**

类型	独立承台截面形状	代号	序号	说明
独立承台	阶形	CT_J	××	单阶截面即为平板式独立承台 杯口独立承台代号为 BCT_J 和 BCT_P
	坡形	CT_P	××	

（2）独立承台截面尺寸（必注）

① 阶形截面独立承台：各阶尺寸自下而上用“/”分割顺序注写，即 $h_1/h_2/\cdots$

② 坡形截面独立承台：截面尺寸注写为 h_1/h_2。

（3）独立承台配筋（必注）

独立承台配筋应注写承台底部与顶部钢筋信息。独立承台配筋见表6-5。

独立承台配筋 **表 6-5**

独立承台平面形状	钢筋位置	钢筋注写形式
矩形承台	B—底部钢筋； T—顶部钢筋	X:ϕd@s Y:ϕd@s
等边三桩承台		Δ××ϕ××@××××3/ϕ××@×××
等腰三桩承台		Δ××ϕ××@×××+××ϕ××@××××2/ϕ××@×××
多边形承台		若采用 X 向和 Y 向正交配筋时，注写与矩形承台相同

(4) 承台底面标高（选注项）

当独立承台板底面标高与承台底面基准标高不同时，应将独立承台底面标高注写在“（　　）”内。

(5) 必要的文字说明（选注项）

当独立承台设计有特殊要求时，宜增加相应的文字说明。

2. 原位标注

独立承台的原位系在承台平面布置图上标注独立承台截面尺寸，相同编号的独立承台可选一个进行标注，其他仅注编号。独立承台原位标注见表 6-6。

独立承台原位标注 **表 6-6**

独立承台平面形状	平面注写形式	说明
矩形独立承台	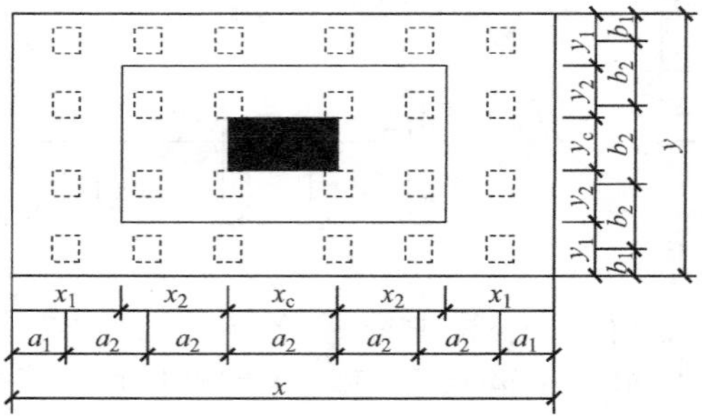 x_1 x_2 x_c x_2 x_1 a_1 a_2 a_2 a_2 a_2 a_2 a_1 x y_1 y_2 y_c y_2 y_1 b_1 b_2 b_2 b_2 b_1 y	x、y——独立承台两向边长； x_c、y_c——柱截面尺寸； x_i、y_i——阶宽或坡形截面尺寸； a_i——桩距
三桩独立承台	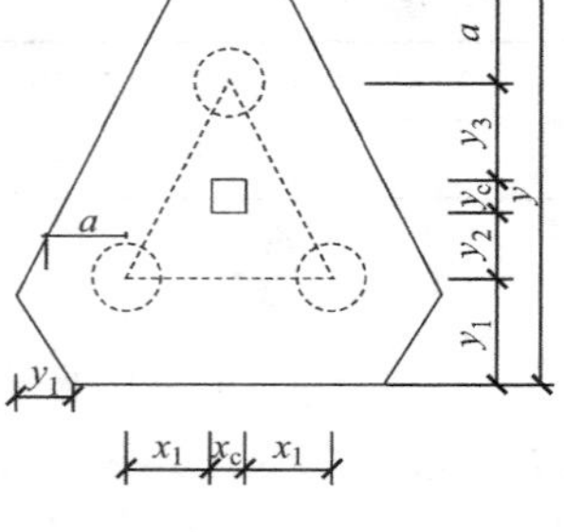 a a y_3 y_c y_2 y_1 y y_1 x_1 x_c x_1	x_c、y_c——柱截面尺寸； x_i、y_i——为承台分尺寸和定位尺寸； a——为桩中心距切角边缘的距离

续表

独立承台平面形状	平面注写形式	说明
多边形独立承台		y——独立承台竖向边长； x_c、y_c——柱截面尺寸； x_i、y_i——为承台分尺寸和定位尺寸； a——为桩中心距切角边缘的距离

6.3.2　承台梁平法施工图识读

承台梁的平面注写包含集中标注和原位标注两部分。

1. 集中标注

梁式桩承台构造　梁式桩基础的平法表示

承台梁的集中标注系在承台梁平面图上集中引注承台梁编号、截面尺寸及配筋三项必注内容，以及承台梁底面标高（与承台底面基准标高不同时）和必要的文字说明。

（1）承台梁编号（必注）

承台梁编号见表 6-7。

承台梁编号　　**表 6-7**

类型	代号	序号	跨数及有无外伸
承台梁	CTL	××	(××)端部无外伸 (××A)一端有外伸 (××B)两端外伸

（2）承台梁截面尺寸（必注）

承台梁截面注写 $b \times h$，表示梁截面宽度与高度。

（3）承台梁配筋（必注）

承台梁配筋应注写承台梁箍筋与承台梁底部、顶部及侧面纵向钢筋信息。承台梁配筋见表 6-8。

承台梁配筋　　**表 6-8**

钢筋类型	钢筋注写形式	备注
承台梁箍筋	$\Phi d@s_1/s_2(n)$	d—直径，s_1—加密区间距，s_2—非加密区间距，n—箍筋肢数
承台梁底部纵筋	$n\Phi d$	n—钢筋根数，d—直径

续表

钢筋类型	钢筋注写形式	备注
承台梁顶部纵筋	$n\Phi d$	n—钢筋根数，d—直径
承台梁侧面纵筋	G $n\Phi d$ N $n\Phi d$	G—构造筋，N—扭筋，n—钢筋根数，d—直径

(4) 承台梁底面标高（选注项）

当承台梁底面标高与桩基承台底面基准标高不同时，应将承台梁底面标高注写在“(　　)”内。

(5) 必要的文字说明（选注项）

当承台梁设计有特殊要求时，宜增加相应的文字说明。

2. 原位标注

承台梁的原位标注系在承台梁平面布置图上标注承台梁的附加箍筋或吊筋或注写修正内容。当承台梁上集中标注的某项内容不适于某跨或某外伸部位时，将其修正内容原位标注在该跨或该外伸部位，施工时原位标注取优先。

桩基础结构图识读

6.4 桩基础施工

6.4.1 沉管灌注桩施工

灌注桩是直接在施工现场桩位上先成孔，然后在孔内加放钢筋笼，灌注混凝土而成的。由于具有施工时无振动、无挤土、噪声小、宜在城市建筑物密集地区使用等优点，灌注桩在施工中得到较为广泛的应用。根据成孔工艺的不同，灌注桩可以分为干作业成孔的灌注桩、泥浆护壁成孔的灌注桩和人工挖孔的灌注桩等。灌注桩按其成孔方法不同，可分为钻孔灌注桩、沉管灌注桩（图 6-6a）、人工挖孔灌注桩（图 6-6b）、爆扩灌注桩等。本节主要讲述沉管灌注桩施工。

(a)

(b)

图 6-6　灌注桩

(a) 沉管灌注桩；(b) 人工挖孔灌注桩

1. 沉管灌注桩工艺原理

沉管灌注桩是采用与桩的设计尺寸相适应的钢管（即套管），在端部套上桩尖后沉入土中后，在套管内吊放钢筋骨架，然后边浇筑混凝土边振动或锤击拔管，利用拔管时的振动捣实混凝土而形成所需要的灌注桩（图 6-7）。这种施工方法适用于有地下水、流砂、淤泥的情况。

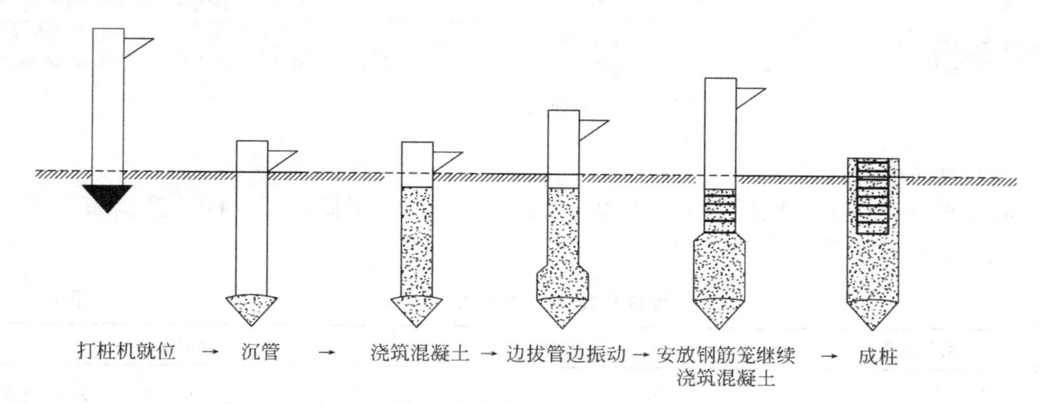

图 6-7　沉管灌注桩施工示意

根据沉管方法和拔管时振动不同，套管成孔灌注桩可分为锤击沉管灌注桩和振动沉管灌注桩，分别如图 6-8 和图 6-9 所示。前者多用于一般黏性土、淤泥质土、砂土和人工填土地基，后者除以上范围外，还可用于稍密及中密的碎石土地基。

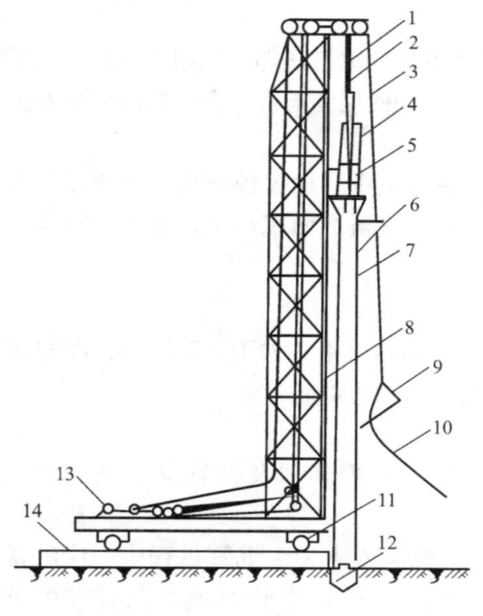

图 6-8　锤击沉管灌注桩示意

1—桩锤钢丝绳；2—桩管滑轮组；3—吊斗钢丝绳；4—桩锤；5—桩帽；6—混凝土漏斗；7—桩管；8—桩架；9—混凝土吊斗；10—回绳；11—行驶用钢管；12—预制桩靴；13—卷扬机；14—枕木

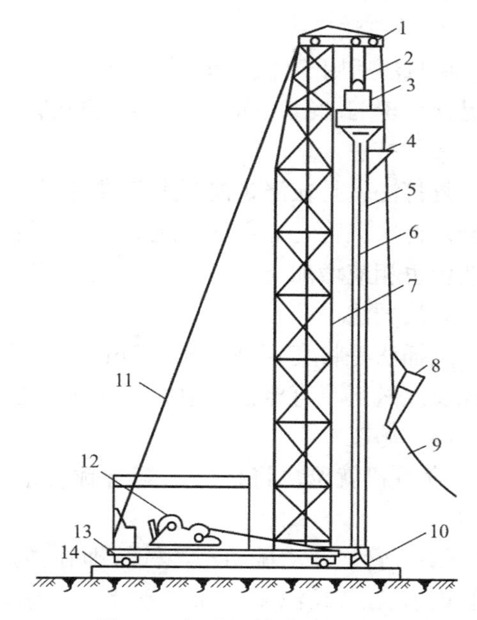

图 6-9　振动沉管灌注桩示意

1—导向滑轮；2—滑轮组；3—激振器；4—混凝土漏斗；5—桩管；6—加压钢丝绳；7—桩架；8—混凝土吊斗；9—回绳；10—活瓣桩靴；11—缆风绳；12—卷扬机；13—行驶用钢管；14—枕木

2. 沉管灌注桩施工

(1) 施工工艺流程

沉管灌注桩施工工艺流程为：放线定位→钻机就位→锤击（振动）沉管→边锤边灌注混凝土→下放钢筋笼→成桩，如图 6-10 所示。

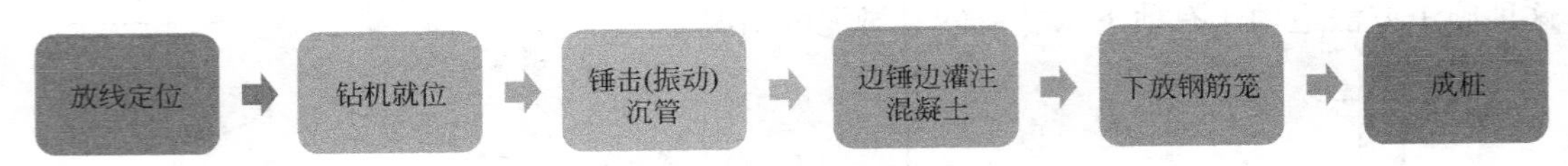

图 6-10　沉管灌注桩施工流程图

(2) 施工机具设备

施工机具设备主要包括锤击打桩机、DZ60 或 DZ90 型振动锤、DJB 型步履式桩架、卷扬机、加压设备等，详见表 6-9。

灌注桩施工常用设备一览表　　**表 6-9**

成孔方法	机具设备	配套机具设备
锤击沉管灌注桩	锤击打桩机	下料斗、1t 机动翻斗车、强制式混凝土搅拌机、钢筋加工机械、交流电焊机、氧割装置、50 型装载机
振动沉管灌注桩	DZ60 或 DZ90 型振动锤、DJB25 型步履式桩架、卷扬机、加压装置	

(3) 打桩方式

根据土质情况和荷载要求，沉管灌注桩的打桩方式可选用单打法、复打法和反插法。

① 单打法

单打法适用于含水量较小的土层，且易采用预制桩尖，单打法即一次拔管成桩，拔管时每提升 0.5～1.0m，振动 5～10s，再拔管 0.5～1.0m，如此反复进行，直至全部拔除为止。

②复打法

复打法就是在浇筑混凝土并拔出钢管后，立即在原位重新放置预制桩尖（或闭合管端活瓣）再次沉管，并再次浇筑混凝土。复打后的桩，其横截面面积增大，承载力提高，但其造价也相应增加。

③反插法

反插法是将套管每提升 0.5m，再下沉 0.3m，反插深度不宜大于活瓣桩尖长度的 2/3，如此反复进行，直至拔除地面。反插法也可扩大桩径，提高承载力。

(4) 施工

① 桩机就位。将桩尖活瓣合拢对准桩位中心，利用振动器及桩管自重把桩尖压入土中。

② 沉管。开动振动箱，桩管即在强迫振动下迅速沉入土中。沉管过程中，应经常探测管内有无水或泥浆，如发现水、泥浆较多，应拔出桩管，用砂回填桩孔后方可重新沉管。

③ 上料。桩管沉到设计标高后停止振动，放入钢筋笼，再上料斗将混凝土灌入桩管内，一般应灌满桩管或略高于地面。

④ 拔管。开始拔管时，应先启动振动箱 8～10min，并用吊砣测得桩尖活瓣确已张开，

混凝土确已从桩管中流出以后，卷扬机方可开始抽拔桩管，边振边拔。拔管速度应控制在 1.5m/min 以内。拔管方法根据承载力不同要求，可分别采用单打法、复打法和反插法。

3. 沉管灌注桩施工质量控制

为保证灌注桩的承载力达到设计要求，对沉管灌注桩的桩位、钢筋笼质量、施工质量需严格控制。

（1）桩位偏差控制

桩顶标高至少要比设计标高高出 0.5m；每浇筑 $50m^3$ 必须有 1 组试件；小于 $50m^3$ 的单柱单桩或每个承台下的桩，至少有 1 组试件。灌注桩的桩位偏差必须符合表 6-10 的规定。

灌注桩的桩径、垂直度及桩位允许偏差　　**表 6-10**

序号	成孔方法		桩径允许偏差(mm)	垂直度允许偏差	桩位允许偏差
1	泥浆护壁钻孔桩	$D<1000$mm	≥ 0	$\leq 1/100$	$\leq 70+0.01H$
		$D\geq 1000$mm			$\leq 100+0.01H$
2	套管成孔灌注桩	$D<500$mm	≥ 0	$\leq 1/100$	$\leq 70+0.01H$
		$D\geq 500$mm			$\leq 100+0.01H$
3	干成孔灌注桩		≥ 0	$\leq 1/100$	$\leq 70+0.01H$
4	人工挖孔桩		≥ 0	$\leq 1/200$	$\leq 50+0.005H$

注：1. H 为桩基施工面至设计桩顶的距离（mm）；
2. D 为设计桩径（mm）。

（2）沉管灌注桩钢筋笼质量控制（表 6-11）

沉管灌注桩钢筋笼质量检验标准　　**表 6-11**

项目	序号	检查项目	允许偏差或允许值(mm)	检查方法
主控项目	1	主筋间距	±10	用钢尺量
	2	长度	±100	用钢尺量
一般项目	1	钢筋材质检验	设计要求	抽样送检
	2	箍筋间距	±20	用钢尺量
	3	直径	±10	用钢尺量

（3）沉管灌注桩质量检验标准（表 6-12）

沉管灌注桩质量检验标准　　**表 6-12**

项目	序号	检查项目	允许值或允许偏差		检查方法
			单位	数值	
主控项目	1	承载力	不小于设计值		静载试验
	2	混凝土强度	不小于设计要求		28d 试块强度或钻芯法
	3	桩身完整性	—		低应变法
	4	桩长	不小于设计值		施工中量钻杆或套管长度，施工后钻芯法或低应变法

续表

项目	序号	检查项目	允许值或允许偏差		检查方法
			单位	数值	
一般项目	1	桩径	符合本教材表 6-10		用钢尺量
	2	混凝土坍落度	mm	80～100	坍落度仪
	3	垂直度	≤1/100		经纬仪测量
	4	桩位	符合表 6-10		全站仪或用钢尺量
	5	拔管速度	m/min	1.2～1.5	用钢尺量及秒表
	6	桩顶标高	mm	+30 −50	水准测量
	7	钢筋笼笼顶标高	mm	±100	水准测量

4. 常见的施工问题及防治措施

沉管灌注桩常见施工问题及防治措施见表 6-13。

沉管灌注桩常见施工问题及防治措施　　表 6-13

问题	主要原因	防治措施
缩颈(瓶颈)(浇筑混凝土后的桩身局部直径小于设计尺寸)	①拔管速度过快或管内混凝土量过少； ②在地下水位以下或饱和淤泥或淤泥质土中沉桩管时，局部产生孔隙压力，把部分桩体挤成缩颈； ③混凝土和易性差； ④桩身间距过小，施工时受邻桩挤压	①施工时每次向桩管内尽量多灌混凝土，一般使管内混凝土高于地面或地下水位 1.0～1.5m；桩拔管速度不得大于 0.8～1.0m/min； ②在淤泥质土中采用复打或反插法施工； ③桩身混凝土应用和易性好的低流动性混凝土浇筑； ④桩间距过小时，宜用跳打法施工； ⑤桩缩颈，可采用反插法、复打法施工
断桩(桩身局部残缺夹有泥土，或桩身的某一部位混凝土坍塌，上部被土填充)	①混凝土终凝不久，受振动和外力扰动； ②桩中心距过小，打邻桩时受挤压； ③拔管时速度过快或骨料粒径太大	①混凝土终凝不久避免振动和扰动； ②桩中心过近，可采用跳打或控制时间的方法，采用跳打法施工； ③控制拔管速度，一般以 1.2～1.5m/min 为宜； ④若已出现断桩，可采用复打法解决
桩靴进水、进泥(套管活瓣处涌水或是泥砂进入桩管内)	地下水位高，含水量大的淤泥和粉砂土层	①地下水量大时，桩管沉到地下水位时，用水泥砂浆灌入管内约 0.5m 作封底，并再灌注 1m 高混凝土，然后打下； ②桩靴进水、进泥后，可将桩管拔出，修复改正桩尖缝隙后，用砂回填桩孔重打
吊脚桩(桩底部的混凝土隔空，或混凝土中混进泥砂面形成松软层的桩)	预制桩靴质量较差，沉管时桩靴被挤入套管内阻塞混凝土下落，或活瓣桩靴质量较差，沉管时被损坏	①严格检查桩靴的质量和强度，检查桩靴与桩管的密封情况，防止桩靴在施工时压入桩管； ②若已出现混凝土拒落，可在拒落部位采用反插法处理； ③桩�损坏、不密合，可将桩管拔出，将桩靴活瓣修复，孔回填，重新沉入

6.4.2　预制桩施工

预制桩是在工厂或施工现场预先制作而成的各种材料、各种形式的桩（如木桩、混凝土方桩、预应力混凝土管桩、钢桩等），借助专用机械设备将预先制作好的具有一定形状、刚度与构造的桩打入、压入或振入土中的桩型。由于运输条件限制，当桩身较长时，需分段制作，每段长度不超过 12m，接头采用钢板焊接、浆锚。我国建筑施工领域采用较多的预制桩主要有钢筋混凝土预制桩和钢桩两大类，见表 6-14。

常见的预制桩　　　　**表 6-14**

预制桩类型	桩身	桩尖形式	断面图	施工工艺
钢筋混凝土预制桩	方桩	传统桩尖 桩尖型钢加强		锤击沉桩 振动沉桩 静力压桩
	三角形桩	三角形		
	空心方桩	传统桩尖平底		
	管桩			
	预应力管桩	尖底、平底		
钢桩	钢管桩	开口		
		闭口		
	H 型钢			

1. 混凝土预制桩施工准备

（1）混凝土预制桩的制作

① 预制桩制作流程：压实、整平现场制作场地→场地地坪做三七灰土或浇筑混凝土→支模→绑扎钢筋骨架，安设吊环→浇筑桩混凝土→养护至 30%强度拆模→支间隔端头模板，刷隔离剂，绑扎钢筋→浇筑间隔桩混凝土→同法间隔重叠制作第二层桩→养护至 70%强度起吊→达 100%强度后运输、堆放。

② 制作

实心混凝土方桩截面边长通常为 200～550mm，长 7～25m，可在现场预制。

(2) 起吊、运输

桩的混凝土强度达到设计强度标准值的 70%后方可起吊，若需提前起吊，必须采取必要的措施并经强度和抗裂度验算合格后方可进行。桩在起吊搬运时，必须保持平稳提升，避免冲击和振动，吊点应同时受力，保护桩身质量。吊点位置应严格按设计规定进行绑扎。单节桩长在 20m 以下可以采用两点起吊，20～30m 可采用三点起吊。如图 6-11 所示。

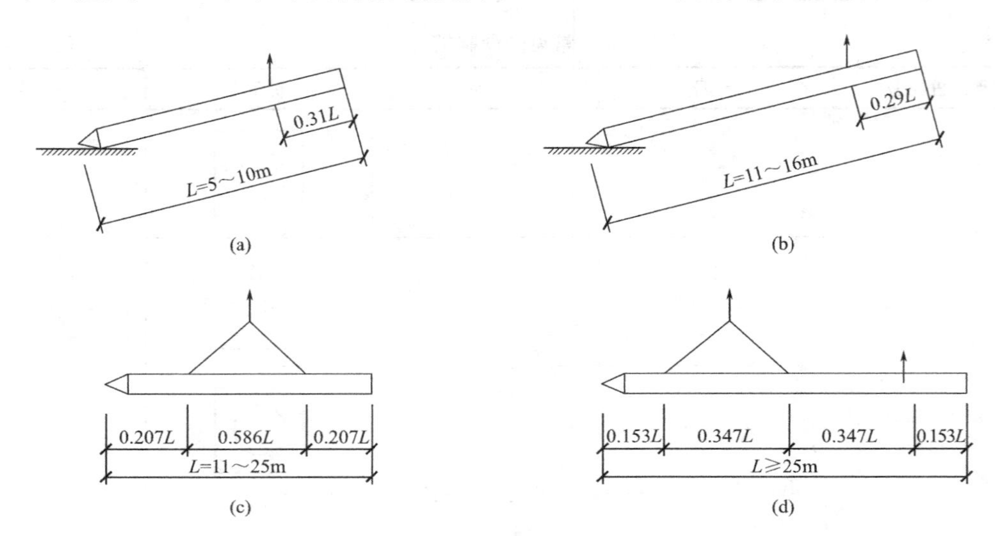

图 6-11 预制桩吊点位置

(a) 一个吊点；(b) 一个吊点；(c) 两个吊点；(d) 三个吊点

桩运输时的混凝土强度应达到设计强度标准值的 100%。

(3) 预制桩堆放

堆放桩的场地应平整、坚实、排水良好。桩应按规格、型号、材料分别分层叠置，支承点垫木位置应与吊点位置相同，各层垫木应上下对齐。

当场地条件许可时，宜单层堆放；当叠层堆放时，外径为 500～600mm 的桩不宜超过 4 层，外径为 300～400mm 的桩不宜超过 5 层。

2. 混凝土预制桩接桩

钢筋混凝土预制长桩受运输条件和桩架高度限制，一般分成若干节预制，分节打入，在现场进行接桩。常用接桩方法有焊接法、法兰接法和硫黄胶泥锚接法等，如图 6-12 所示。

① 焊接法接桩。焊接法接桩目前应用最多，其节点构造如图 6-12 (a)、图 6-12 (b) 所示。接桩时，必须对准下节桩并垂直无误后，用点焊将拼接角钢连接固定，再次检查位置正确无误后再进行焊接。施焊时，应两人同时对角对称地进行，以防止节点变形不均匀而引起桩身歪斜，焊缝要连续饱满。接长后，桩中心线偏差不得大于 10mm，节点弯曲矢高不得大于 0.1%桩长。

② 法兰接法接桩。法兰接桩法节点构造如图 6-12 (d) 所示。它是用法兰盘和螺栓连接，其接桩速度快，但耗钢量大，多用于预应力混凝土管桩。

③ 硫黄胶泥锚接法接桩。硫黄胶泥锚接法接桩节点构造如图 6-12 (e) 所示，上节桩

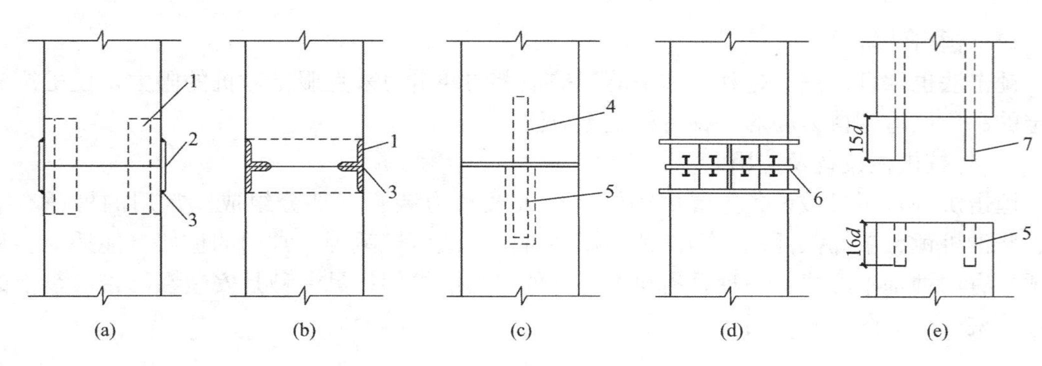

图6-12　桩的接头形式

(a) 焊接接合；(b) 焊接接合；(c) 管式接合；(d) 法兰接合；(e) 硫黄胶泥锚筋接合

1—角钢与主筋焊接；2—钢板；3—焊缝；4—预埋钢管；5—浆锚孔；

6—预埋法兰；7—预埋锚筋；d—锚栓直径

预留锚筋，下节桩预留锚筋孔（孔径为锚筋直径的2.5倍）。接桩时，首先将上节桩对准下节桩，使4根锚筋插入锚筋孔，下落上节桩身，使其接合紧密。然后将桩上提约200mm（以4根锚筋不脱离锚筋孔为度），安设好施工夹箍（由4块木板，内侧用人造革包裹40mm厚的树脂海绵块而成），将熔化的硫黄胶泥注满锚筋孔和接头平面上，然后将上节桩下落。当硫黄胶泥冷却并拆除施工夹箍后，可继续加荷施压。硫黄胶泥锚接法接桩可节约钢材，操作简便，接桩时间比焊接法要大为缩短，但不宜用于坚硬土层中。

3. 打桩顺序选择

打桩时，由于桩对土体的挤密作用，先打入的桩被后打入的桩水平挤推而造成偏移和变位或被垂直挤拔造成浮桩；而后打入的桩难以达到设计标高或入土深度，造成土体隆起和挤压，截桩过大。所以，打桩时对不同基础标高的桩，宜先深后浅，对不同规格的桩，宜先大后小，先长后短，宜防止桩的位移或偏斜。一般常用的打桩顺序有：逐排打设、自中央向四周打设、自中间向两侧打设，如图6-13所示。

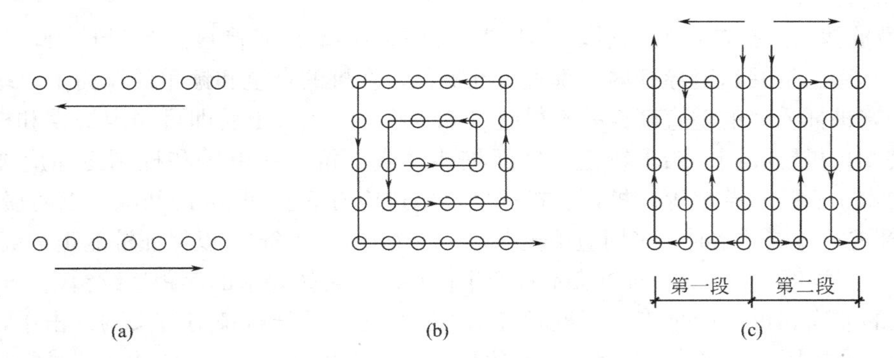

图6-13　打桩顺序

(a) 逐排打设；(b) 自中央向四周打设；(c) 自中间向两侧打设

4. 预制桩施工

预制桩的沉桩方法有锤击法、振动法、静压法及水冲法等，其中锤击法和静压法在工程中最常用。

（1）锤击法沉桩

锤击法也称打入法，是利用桩锤落到桩顶上的冲击力来克服土对桩的阻力，使桩沉到预定的深度或达到持力层的一种打桩施工方法。

1）打桩机械设备及选用

锤击沉桩常用机械设备主要由桩锤、桩架及动力装置三部分组成。常用的桩锤有落锤、柴油桩锤、单动汽锤、双动汽锤、振动桩锤、液压桩锤等。常用的桩架（能适应多种桩锤）有两种基本形式：一种是沿轨道行驶的多功能桩架；另一种是安装在履带底盘上的履带式桩架，如图 6-14 所示。

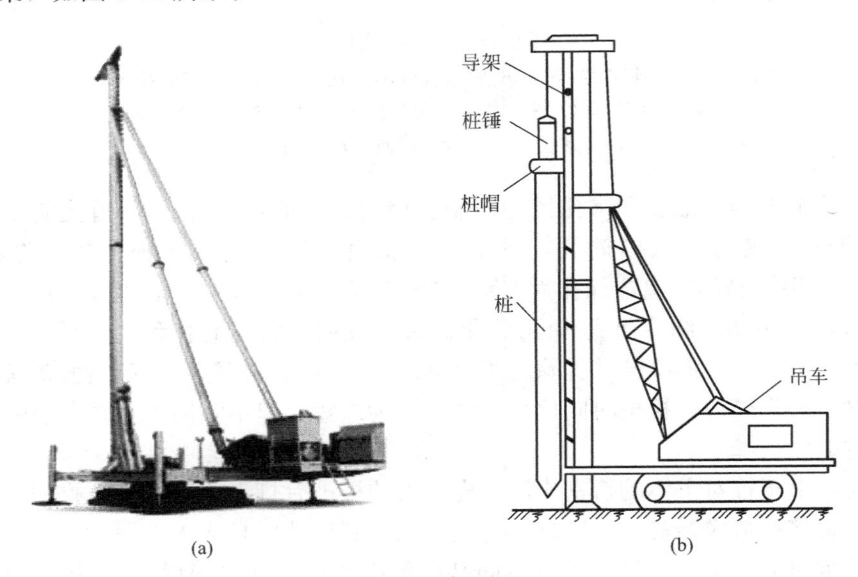

图 6-14　桩架图

（a）多功能桩架；（b）履带式桩架

2）沉桩施工

① 吊桩就位。打桩机就位后，先将桩锤和桩帽吊起，其高度应超过桩顶，并固定在桩架上；然后吊桩并送至导杆内，垂直对准桩位，在桩的自重和锤重的压力下，缓缓送下插入土中，桩插入时的垂直度偏差不得超过 0.5%；桩插入土后即可固定桩帽和桩锤，使桩身、桩帽、桩锤在同一铅垂线上，确保桩能垂直下沉。在桩锤和桩帽之间应加弹性衬垫，如硬木、麻袋、草垫等；桩帽和桩顶周围四边应有 5～10mm 的间隙，以防损伤桩顶。

② 打桩。打桩开始时，采用短距轻击，一般为 0.5～0.8m，以保证桩能正常沉入土中。待桩入土一定深度（1～2m）且桩尖不宜产生偏移时，再按要求的落距连续锤击。这样可以保证桩位的准确和桩身的垂直。打桩时宜用重锤低击，这样桩锤对桩头的冲击小，回弹也小，桩头不易损坏，大部分能量都用于克服桩身与土的摩阻力和桩尖阻力上，桩能较快地沉入土中。用落锤或单动汽锤打桩时，最大落距不宜大于 1m，用柴油锤时应使锤跳动正常。在整个打桩过程中应做好测量和记录工作，遇有贯入度剧变，桩身突然发生倾斜、移位或有严重回弹，桩顶或桩身出现严重裂缝或破碎等异常情况时，应暂停打桩，及时研究处理。

③ 送桩。如桩顶标高低于地面，则借助送桩器将桩顶送入土中的工序称为送桩。送桩时桩与送桩管的纵轴线应在同一直线上，锤击送桩将桩送入土中，送桩结束拔出送桩管

后，桩孔应及时回填或加盖。

（2）静力法压桩

利用静压力（压桩机自重及配重）将预制桩逐节压入土中的压桩方法。

1）压桩设备

静力压桩机有机械式和液压式之分，目前常用的是液压式压桩机，如图 6-15 所示。

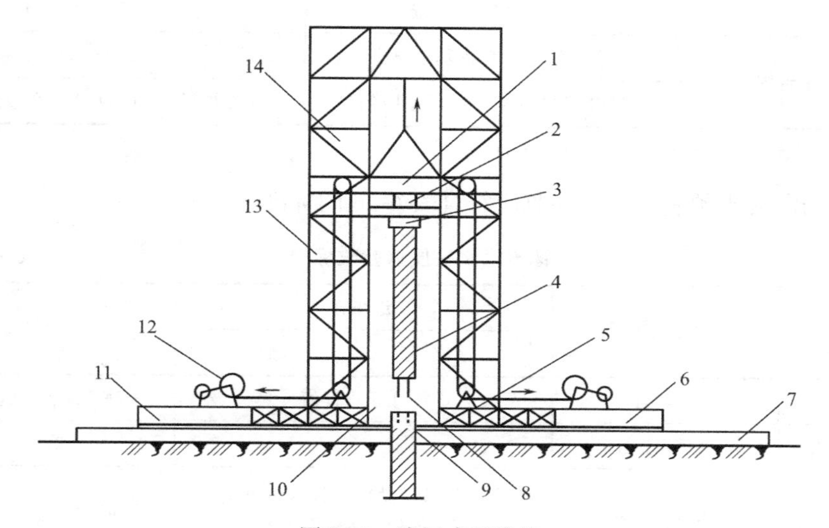

图 6-15　液压式压桩机

1—活动压梁；2—油压表；3—桩帽；4—上段桩；5—加重钩；6—底盘；7—轨道；8—上段桩锚筋；9—下段桩锚筋孔；10—导笼孔；11—操作平台；12—卷扬机；13—滑轮组；14—桩架

2）静力压桩施工

静力压桩施工顺序为：测量定位→压桩机就位、对中、调直→压桩→接桩→再压桩→（送桩）→终止压桩→切桩头。如图 6-16 所示。

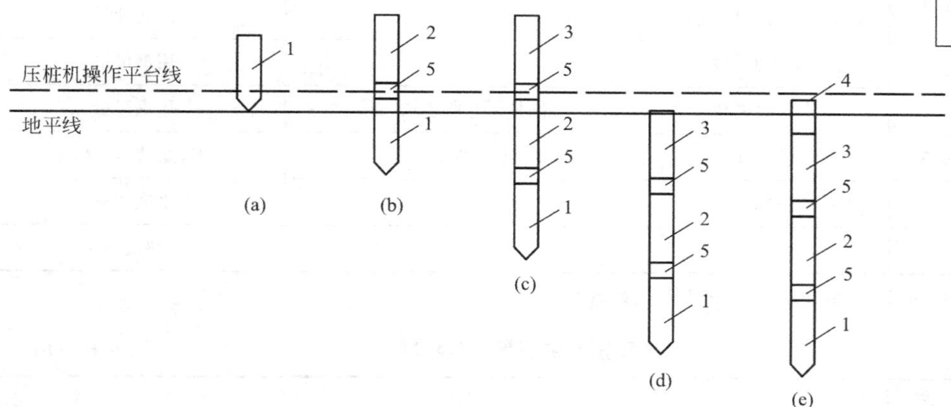

图 6-16　静力压桩顺序

（a）准备压第一段桩；（b）接第二段桩；（c）接第三段桩；（d）整根桩压平至地面；（e）送桩压桩完毕

1—第一段；2—第二段；3—第三段；4—送桩；5—接桩处

5. 钢筋混凝土桩施工质量控制

（1）预制桩桩位的允许偏差应符合表 6-15 的要求。

预制桩的桩位允许偏差　　表 6-15

序号	检查项目		允许偏差(mm)
1	带有基础梁的桩	垂直基础梁的中心线	≤100+0.01H
		沿基础梁的中心线	≤150+0.01H
2	承台桩	桩数为 1～3 根桩基中的桩	≤100+0.01H
		桩数大于或等于 4 根桩基中的桩	≤1/2 桩径+0.01H 或 1/2 边长+0.01H

注：H 为桩基施工面至设计桩顶的距离（mm）。

（2）钢筋混凝土预制桩质量验收应符合表 6-16 的标准。

锤击预制桩质量验收标准　　表 6-16（a）

项目	序号	检查项目	允许值		检查方法
			单位	数值	
主控项目	1	承载力	不小于设计值		静载试验,高应变法等
	2	桩身完整性	—		低应变法
一般项目	1	成品桩质量	表面平整,颜色均匀,掉角深度小于10mm,蜂窝面积小于总面积的 0.5%		查产品合格证
	2	桩位	符合表 6-15		全站仪或用钢尺量
	3	电焊条质量	设计要求		查产品合格证
	4	接桩、焊缝质量	符合《建筑地基基础工程施工质量验收标准》GB 50202—2018 表 5.10.4		符合《建筑地基基础工程施工质量验收标准》GB 50202—2018 表 5.10.4
		电焊结束后停歇时间	min	≥8(3)	用表计时
		上下节平面偏差	mm	≤10	用钢尺量
		节点弯曲矢高	同桩体弯曲要求		用钢尺量
	5	收锤标准	设计要求		用钢尺量或查沉桩记录
	6	桩顶标高	mm	±50	水准测量
	7	垂直度	≤1/100		经纬仪测量

注：括号中为采用二氧化碳气体保护焊时的数值。

静压预制桩质量验收标准　　表 6-16（b）

项目	序号	检查项目	允许值		检查方法
			单位	数值	
主控项目	1	承载力	不小于设计值		静载试验、高应变法等
	2	桩身完整性	—		低应变法

续表

项目	序号	检查项目	允许值		检查方法
			单位	数值	
一般项目	1	成品桩质量	符合表 6-16(a)		查产品合格证
	2	桩位	符合表 6-15		全站仪或钢尺量
	3	电焊条质量	设计要求		查产品合格证
	4	接桩：焊缝质量	符合《建筑地基基础工程施工质量验收标准》GB 50202—2018 表 5.10.4		符合《建筑地基基础工程施工质量验收标准》GB 50202—2018 表 5.10.4
		电焊结束后停歇时间	min	≥6(3)	用表计时
		上下节平面偏差	mm	≤10	用钢尺量
		节点弯曲矢高	同桩体弯曲要求		用钢尺量
	5	终压标准	设计要求		现场实测或套沉桩记录
	6	桩顶标高	mm	±50	水准测量
	7	垂直度	≤1/100		经纬仪测量
	8	混凝土灌芯	设计要求		查灌注量

注：电焊结束后停歇时间项括号中为采用二氧化碳气体保护焊时的数值。

6. 常见的施工问题及防治措施

沉桩施工常见问题及防治措施见表 6-17。

沉桩常见质量问题及防治措施　　**表 6-17**

问题	产生的主要原因	防治措施
桩顶击碎	①混凝土强度设计等级偏低； ②混凝土施工质量不良； ③桩锤选择不当，桩锤锤重过小或过大，造成混凝土破碎； ④桩顶与桩帽接触不平，桩帽变形倾斜或桩沉入土中不垂直，造成桩顶局部应力集中而将桩头打坏	①合理设计桩头，保证有足够的强度； ②严格控制桩的制作质量，支模正确，严密，使制作偏差符合规范要求； ③根据桩、土质情况，合理选择桩锤； ④经常检查桩帽与桩的接触面处及桩帽垫木是否平整，如不平整应进行处理后方能施打，并应及时更换缓冲垫
沉桩达不到设计控制要求（桩未达到设计标高或最后沉入度控制指标要求）	①桩锤选择不当，桩锤太小或太大，使桩沉不到或超过设计要求的控制标高； ②地质勘察不充分，持力层起伏标高不明，致使设计桩尖标高与实际不符；沉桩遇地下障碍物，如大块石，坚硬土夹层，砂夹层或旧埋置物； ③桩距过密或打桩顺序不当；打桩间歇时间过长，阻力增大	①根据地质情况，合理选择施工机械，桩锤大小； ②详细探明工程地质情况，必要时应作补勘，探明地下障碍物，并进行清除或钻透处理； ③确定合理的打桩顺序；打桩应连续打入，不宜间歇时间过长

续表

问题	产生的主要原因	防治措施
桩倾斜、偏移	①桩制作时桩身弯曲超过规定；桩顶不平，致使沉入时发生倾斜； ②施工场地不平、地表松软、导致沉桩设备及杆倾斜，引起桩身倾斜；稳桩时桩不垂直，桩帽、桩锤及桩不在同一直线上； ③接桩位置不正，相接的两节桩不在同一轴线上，造成歪斜； ④桩入土后，遇到大块孤石或坚硬障碍物，使桩向一侧偏斜； ⑤桩距太近，邻桩打桩时产生土体挤压	①沉桩前，检查桩身弯曲，超过规范允许偏差的不宜使用； ②安设桩架的场地应平整、坚实，打桩机底盘应保持水平；随时检查、调整桩机及导杆的垂直度，并保证桩锤、桩帽与桩身在同一直线上； ③接桩时，严格按操作要求接桩，保证上下桩在同一轴线上； ④施工前用钎或洛阳铲探明地下障碍物，较浅的挖除，深的用钻机钻透； ⑤合理确定打桩顺序； ⑥若偏移过大，应拔出，移位再打；若偏移不大，可顶正后再慢锤打入
桩身断裂（沉桩时，桩身突然倾斜错位，贯入度突然增大，同时当桩锤跳起后，桩身随之出现回弹）	①桩身存在较大弯曲，打桩过程中，在反复集中荷载作用下，当桩身承受的抗弯强度超过混凝土抗弯强度时，即产生断裂； ②桩身局部混凝土强度不足或不密实，在反复施打时导致断裂；桩在堆放、起吊、运输过程中操作不当，产生裂纹或断裂； ③沉桩遇地下障碍物，如大块石、坚硬土夹层、砂夹层或旧埋置物	①检查桩外形尺寸，发现弯曲超过规定或桩尖不在桩纵轴线上时，不得使用； ②桩制作时，应保证混凝土配合比正确，振捣密实，强度均匀；桩在堆放、起吊、运输过程中，应严格按操作规程，发现桩超过有关验收规定不得使用； ③施工前查清地下障碍物并清除； ④断桩可采取在一旁补桩的办法处理

6.5 桩基检测

6.5.1 桩基检测认知

桩基础是建筑工程中常用的基础形式之一，属于隐蔽工程，施工技术复杂，工艺流程衔接紧密，施工过程稍有不慎就会影响桩基础质量，从而影响上部结构的安全，桩基础的质量对整体结构安全至关重要。而桩基检测是保证桩基工程质量的重要手段之一，因此尤为重要。

《建筑基桩检测技术规范》JGJ 106—2014 中指出，基桩检测可分为施工前为设计提供依据的试验桩检测和施工后为验收提供依据的工程桩检测。常见的桩基检测方法有：静载试验、钻芯法、低应变法、高应变法、声波透射法、海上静载试验等，如图 6-17 所示。

基桩检测应根据检测目的、检测方法的适应性、桩基的设计条件、成桩工艺等，按表 6-18 选择合理的检测方法。

静载试验

低应变法

声波透射法

高应变法

钻芯法

海上静载试验

图 6-17　桩基检测

检测目的及检测方法　　**表 6-18**

检测目的	检测方法
确定单桩竖向抗压极限承载力； 判定竖向抗压承载力是否满足设计要求； 通过桩身应变、位移测试测定桩侧、桩端阻力，验证高应变法的单桩竖向抗压承载力检测结果	单桩竖向抗拔静载试验
确定单桩竖向抗拔极限承载力； 判定竖向抗拔承载力是否满足设计要求； 通过桩身应变、位移测试测定桩身弯矩	单桩竖向抗拔静载试验
确定单桩水平临界荷载和极限承载力，推定土抗力参数； 判定水平承载力或水平位移是否满足设计要求； 通过桩身应变、位移测试测定桩身弯矩	单桩水平静载试验

续表

检测目的	检测方法
检测灌注桩桩长、桩身混凝土强度、桩底沉渣厚度； 判定或鉴别桩端持力层岩土性状，判定桩身完整性类别	钻芯法
检测桩身缺陷及其位置，判定桩身完整性类别	低应变法
判定单桩竖向抗压承载力是否满足设计要求； 检测桩身缺陷及其位置，判定桩身完整性类别； 分析桩侧和桩端力阻力； 进行打桩过程监控	高应变法
检测灌注桩桩身缺陷及其位置，判定桩身完整性类别	声波透射法

6.5.2 单桩竖向抗压静载试验

1. 试验目的

(1) 采用接近于竖向抗压桩的实际工作条件的试验方法，确定单桩竖向抗压承载力，作为设计依据，或对工程的承载力进行抽样检验和评价。

(2) 当埋设有桩底反力和桩身应力、应变测量元件时，尚可直接测定桩周各土层的侧阻力或桩身截面的位移量。

2. 试验要求

(1) 成桩到开始试验的间歇见表 6-19。

成桩到开始试验间歇时间表　　表 6-19

土的类别	间歇时间不应少于(d)	土的类别	间歇时间不应少于(d)
砂土	7	非饱和黏性土	15
粉土	10	饱和黏性土	25

(2) 试桩、锚桩（压重平台支墩边）和基准桩之间的中心距离，应符合表 6-20 的规定。当试桩或锚桩为扩底桩或多支盘桩时，试桩与锚桩的中心距不应小于 2 倍扩大端直径。软土场地压重平台堆载重量较大时，宜增加支墩边与基准桩中心和试桩中心之间的距离，并在试验过程中观测基准桩的竖向位移。

试桩、锚桩（或压重平台支墩边）和基准桩之间的中心距离　　表 6-20

反力装置	距离		
	试桩中心与锚桩中心（或压重平台支墩边）	试桩中心与基准桩中心	试桩中心与锚桩中心（或压重平台支墩边）
锚桩横梁	≥4(3)D 且>2.0m	≥4(3)D 且>2.0m	≥4(3)D 且>2.0m
压重平台	≥4(3)D 且>2.0m	≥4(3)D 且>2.0m	≥4(3)D 且>2.0m
地锚装置	≥4D 且>2.0m	≥4(3)D 且>2.0m	≥4D 且>2.0m

注：1. D 为试桩、锚桩或地锚的设计直径或边宽，取其较大者；
2. 括号内数值可用于工程桩验收检测时多排桩设计桩中心距离小于 4D 或压重平台支墩下 2～3 倍宽影响范围内的地基土已进行加固处理的情况。

3. 试验设备

（1）加载装备

一般采用油压千斤顶。当采用两台或两台以上千斤顶加载时，应并联同步工作，千斤顶的合力中心应与受检桩的横截面形心重合。加载装备如图 6-18 所示。

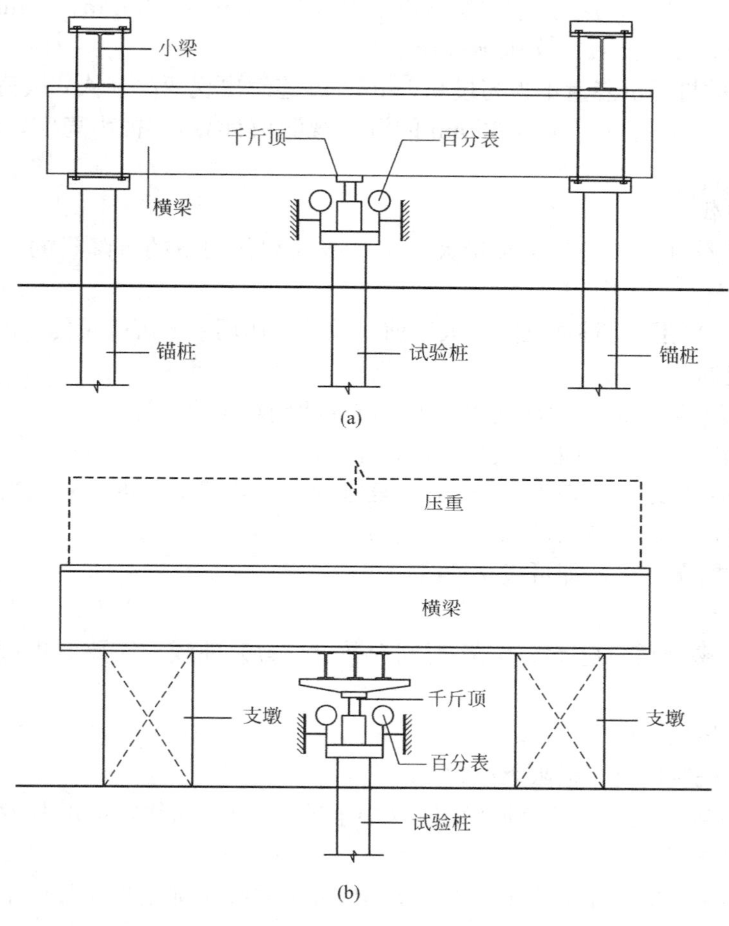

图 6-18　单桩载荷试验加载装置

（2）载荷和沉降的量测仪表

荷载可用千斤顶上的应力环、应变式压力传感器测定，沉降一般采用百分表或位移传感器量测。

4. 现场试验

（1）加载方式

① 采用慢速维持荷载法，即逐级加载，每级荷载达到相对稳定后加下一级荷载，直至试桩破坏，然后分级卸载到零；

② 当考虑结合实际工作桩的荷载特征可采用多循环加、卸载法，每级荷载达到相对稳定后卸载到零；

③ 为缩短试验时间，对于工程桩的检验性试验，当有成熟的地区经验时，可采用快

速维持荷载法，即一般每隔一小时加一级荷载。

（2）加载与沉降观测

① 加载应分级进行，分级不宜小于 10 级，且采用逐级等量加载；分级荷载宜为最大加载值或预估极限承载力的 1/10，其中第一级加载量可取分级荷载的 2 倍；

② 每级荷载施加后，应分别按第 5min、15min、30min、45min、60min 测读桩顶沉降量，以后每隔 30min 测读一次桩顶沉降量；

③ 每 1h 内的桩顶沉降量不得超过 0.1mm，并连续出现两次（从分级荷载施加后的第 30min 开始，按 1.5h 连续三次每 30min 的沉降观测值计算），视为稳定，可施加下一级荷载。

（3）终止加载

① 某级荷载作用下，桩顶沉降量大于前一级荷载作用下的沉降量的 5 倍，且桩顶总沉降量超过 40mm；

② 某级荷载作用下，桩顶沉降量大于前一级荷载作用下的沉降量的 2 倍，且经 24h 尚未达到相对稳定标准；

③ 已达到设计要求的最大加载值且桩顶沉降达到相对稳定标准；

④ 工程桩作锚桩时，锚桩上拔量已达到允许值；

⑤ 荷载-沉降曲线呈缓变型时，可加载至桩顶总沉降量 60～80mm；当桩端阻力尚未充分发挥时，可加载至桩顶累计沉降量超过 80mm。

当出现上述情况之一，即可终止加载。

5. 试验数据整理

绘制竖向荷载-沉降（Q-s）、沉降-时间对数（s-lg$t$）曲线，需要时也可绘制其他辅助分析所需曲线。

6. 试验成果运用

（1）确定单桩竖向抗压极限承载力

① 根据沉降随荷载变化的特征确定：对于陡降型 Q-s 曲线，应取其发生明显陡降的起始点对应的荷载值；

② 根据沉降随时间变化的特征确定：应取 s-lg$t$ 曲线尾部出现明显向下弯曲的前一级荷载值；

③ 当桩顶沉降量大于前一级荷载作用下的沉降量的 2 倍，且经 24h 尚未达到相对稳定标准时，宜取前一级荷载值；

④ 对于缓变型 Q-s 曲线，宜根据桩顶总沉降量，取 $s=40$mm 对应的荷载值；对 D（D 为桩端直径）大于等于 800mm 的桩，可取 $s=0.05D$ 对应的荷载值；当桩长大于 40m 时，宜考虑桩身弹性压缩；

⑤ 不满足本条第①～④款情况时，桩的竖向抗压极限承载力宜取最大加载值。

（2）确定单桩竖向抗压极限承载力特征值

① 参加统计的试桩结果，当满足其极差不超过平均值的 30%时，取其平均值为单桩竖向抗压极限承载力。

② 当极差超过平均值的 30%时，应分析极差过大的原因，结合工程具体情况综合确定，必要时可增加试桩数量。

③ 对桩数为 3 根或 3 根以下的柱下承台，或工程桩抽检数量少于 3 根时，应取低值。

④ 单位工程同一条件下的单桩竖向抗压承载力特征值应按单桩竖向抗压极限承载力统计值的一半取值。

【例 6-2】 某 PC600（110）A 型预应力管桩，桩长 40m，C60 混凝土，进行单桩静载荷试验，其 Q-s 曲线如图 6-19 所示，试确定该桩的极限承载力标准值。

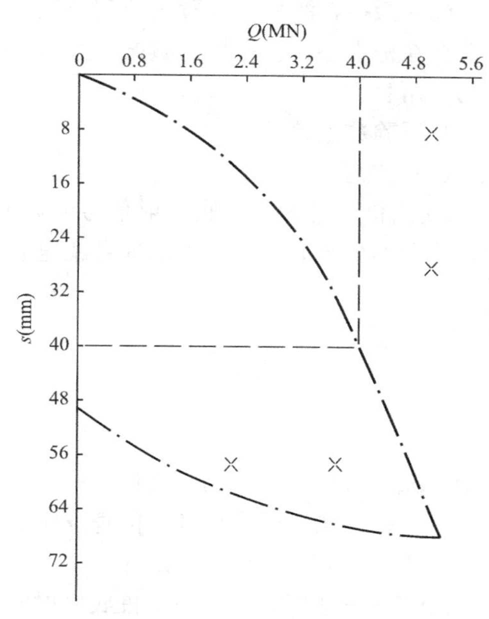

图 6-19　Q-s 曲线

解：Q-s 曲线为缓变型，单桩极限承载力按沉降量确定，s＝40mm 所对应的桩顶荷载为单桩极限承载力，Q_{uk}＝4000kN。

6.5.3　桩的低应变动力检测

1. 试验原理

当桩顶作用一脉冲力后，应力波将沿桩身传播，遇到波阻抗变化处将产生反射和透射。根据应力波反射波形特征可以判断桩身介质波阻抗的变化情况，判断桩身的完整性。

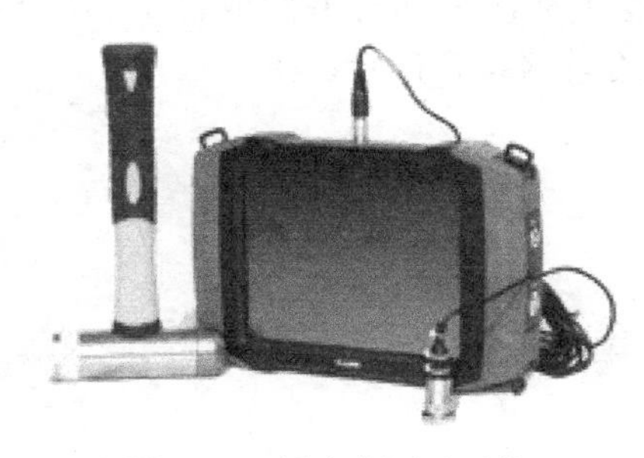
图 6-20　低应变测试系统

2. 试验设备

低应变测试系统主要包括低应变检测仪、力锤和锤垫，如图 6-20 所示。

3. 现场检测

（1）桩头处理，凿掉浮浆、打磨平整，露出密实的混凝土；

（2）安装传感器，实心桩的检测点宜在距桩中心 2/3 半径处，空心桩的检测点宜为桩壁厚的 1/2 处，采用橡皮泥、黄油等粘合剂，必要时可采用冲击钻打孔安装，保证有足够的粘结强度，如图 6-21 所示；

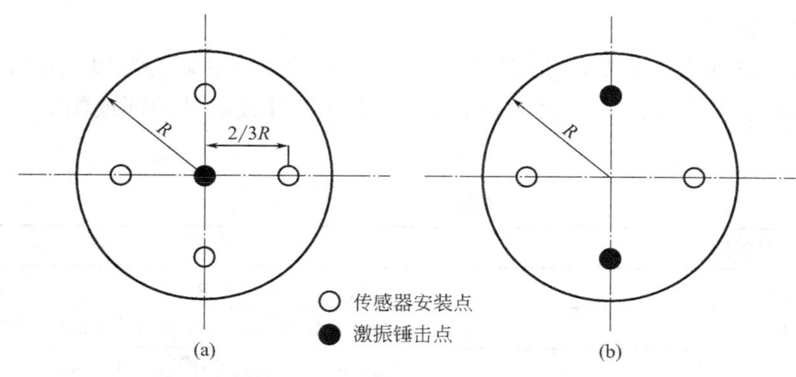

图 6-21　传感器安装点、锤击点布置图

（a）实心桩；（b）空心桩

（3）激振，激振点位置避开钢筋笼的主筋，激振方向沿桩轴线方向，实心桩的激振点应选择在桩中心，空心桩的激振点宜为桩壁厚的1/2处，激振点和检测点与桩中心连线形成的夹角宜为90°。

4. 试验数据处理

（1）波速

① 当桩长已知、桩底反射信号明确时，应在地基条件、桩型、成桩工艺相同的基桩中，选取不少于5根Ⅰ类桩的桩身波速值，按下列公式计算其平均值：

$$c_m = \frac{1}{n}\sum_{i=1}^{n} c_i$$

$$c_i = \frac{2000L}{\Delta T}$$

$$c_i = 2L \cdot \Delta f$$

式中：c_m——桩身波速的平均值（m/s）；

c_i——第i根受检桩的桩身波速值（m/s），且$|c_i - c_m|/c_m$不宜大于5%；

L——测点下桩长（m）；

ΔT——速度波第一峰与桩底反射波峰间的时间差（ms）；

Δf——幅频曲线上桩底相邻谐振峰间的频差（Hz）；

n——参加波速平均值计算的基桩数量（$n \geqslant 5$）。

② 无法满足本条第①款要求时，波速平均值可根据本地区相同桩型及成桩工艺的其他桩基工程的实测值，结合桩身混凝土的骨料品种和强度等级综合确定。

（2）桩长及缺陷位置计算

$$x = \frac{1}{2000} \cdot \Delta t_x \cdot c$$

$$x = \frac{1}{2} \cdot \frac{c}{\Delta f'}$$

式中：x——桩身缺陷至传感器安装点的距离（m）；

Δt_x——速度波第一峰与缺陷反射波峰间的时间差（ms）；

c——受检桩的桩身波速（m/s），无法确定时可用桩身波速的平均值替代；

$\Delta f'$——幅频信号曲线上缺陷相邻谐振峰间的频差（Hz）。

5. 试验结果运用

（1）桩身完整性类别应结合缺陷出现的深度、测试信号衰减特性以及设计桩型、成桩工艺、地基条件、施工情况，按表6-21、表6-22所列时域信号特征或幅频信号特征进行综合分析判定。

桩身完整性分类 **表 6-21**

桩身完整性类别	分类原则
Ⅰ类桩	桩身完整
Ⅱ类桩	桩身有轻微缺陷，不会影响桩身结构承载力的正常发挥
Ⅲ类桩	桩身有明显缺陷，对桩身承载力有影响
Ⅳ类桩	桩身存在严重缺陷

桩身完整性判断　　**表 6-22**

类别	时域信号特征	幅频信号特征
Ⅰ	$2L/c$ 时刻前无缺陷反射波，有桩底反射波	桩底谐振峰排列基本等间距，其相邻频差 $\Delta f \approx c/2L$
Ⅱ	$2L/c$ 时刻前出现轻微缺陷反射波，有桩底反射波	桩底谐振峰排列基本等间距，其相邻频差 $\Delta f \approx c/2L$，轻微缺陷产生的谐振峰与桩底谐振峰之间的频差 $\Delta f' > c/2L$
Ⅲ	有明显缺陷反射波，其他特征介于Ⅱ类和Ⅳ类之间	
Ⅳ	$2L/c$ 时刻前出现严重缺陷反射波或周期性反射波，无桩底反射波； 或因桩身浅部严重缺陷使波形呈现低频大振幅衰减振动，无桩底反射波	缺陷谐振峰排列基本等间距，其相邻频差 $\Delta f' > c/2L$，无桩底谐振峰； 或因桩身浅部严重缺陷只出现单一谐振峰，无桩底谐振峰

（2）根据波形特征判别桩的各类缺陷见表 6-23。

桩的各类缺陷　　**表 6-23**

类型	桩身缺陷及桩底支撑情况	反射波相位特征	反射波波形特征	备注
灌注桩	断裂（夹层）	同相	多次反射，间隔时间相等，第一反射脉冲幅值较高，前沿比较陡峭，难见下部较大缺陷及桩底信号	
	缩颈	同相	反射波形比较规则；可能有多次反射，一般可见桩底信号	
	离析	同相	反射波形不规则，后续信号杂乱，波速偏小；一般可见以下部位较大缺陷及桩底信号	
	扩颈	反相	反射波形比较规则；可能有多次反射，一般可见桩底信号	
预制桩	裂缝、裂隙、碎裂	同相	一次或多次反射，能否看到桩底信号视缺陷严重程度	细小的不贯穿裂缝会漏判
	脱焊、虚焊等不良焊接	同相	在接头处出现同相反射波，严重时难见以下部位较大缺陷及桩底信号	适用于焊接桩
桩端支承条件	摩擦桩	同相	在有效测试深度内桩底信号一般清晰	
	嵌岩桩	见右	会出现3种情形，桩底反射不清晰；反相；先反相后同相，尾部反射波形较复杂	反相反射有时是基岩面
	桩底沉渣过厚	同相	一般较清晰，注意与同场地的其他桩比较	适用于端承桩

【例 6-3】 某沉管灌注桩，桩径 426mm，桩长 17m，低应变反射波法实测性如图 6-22 所示，试判断桩的完整性。

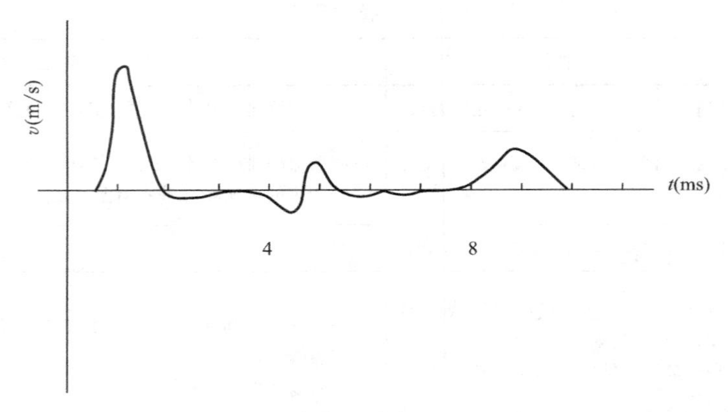

图 6-22　低应变反射波法实测性

解：该桩波速

$$v=\frac{2\times17}{9\times10^{-3}}=3777\text{m/s}$$

桩身在 5ms 处扩颈，位置 $L'=v\times t'/2=3777\times4\times10^{-3}=7.55\text{m}$，桩身完整性为Ⅰ类桩。

6.5.4　桩的高应变动力检测

1. 试验原理

通过重锤锤击桩顶，使桩和桩周土之间产生相对位移，激发桩侧土的阻力，通过桩顶安装的加速传感器和应力传感器，获取动力响应曲线，根据一定假设，分析曲线，确定桩身的承载力、桩侧土阻力、桩身完整性等。

2. 试验设备

试验设备包括高应变检测仪（图 6-23）和重锤。

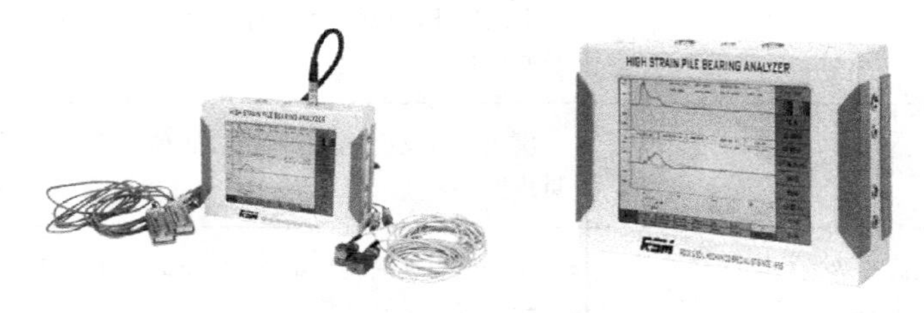

图 6-23　高应变检测仪

3. 现场检测

(1) 桩头处理

① 桩顶用水平尺找平，桩顶面应平整，桩头顶部应设置桩垫，桩垫可采用 10～30mm 厚的木板或胶合板等材料；

② 桩头主筋应全部直通至桩顶混凝土保护层之下，各主筋应在同一高度上；

③ 距桩顶 1 倍桩径范围内，宜用厚度为 3～5mm 的钢板围裹或距桩顶 1.5 倍桩径范围内设置箍筋，间距不宜大于 100mm，桩顶应设置钢筋网片 1～2 层，间距 60～100mm；

④ 桩头混凝土强度等级宜比桩身混凝土提高 1～2 级，且不得低于 C30。

（2）选择重锤

① 锤击设备可采用筒式柴油锤、液压锤、蒸汽锤等具有导向装置的打桩机械，但不得采用导杆式柴油锤、振动锤；

② 高应变检测专用锤击设备应具有稳固的导向装置，重锤应形状对称，高径（宽）比不得小于 1；

③ 当采取落锤上安装加速度传感器的方式实测锤击力时，重锤的高径（宽）比应为 1.0～1.5；

④ 采用高应变法进行承载力检测时，锤的重量与单桩竖向抗压承载力特征值的比值不得小于 0.02。

（3）安装传感器

① 应变传感器和加速度传感器，宜分别对称安装在距桩顶不小于 $2D$ 或 $2B$ 的桩侧表面处；对于大直径桩，传感器与桩顶之间的距离可适当减小，但不得小于 D；传感器安装面处的材质和截面尺寸应与原桩身相同，传感器不得安装在截面突变处附近，如图 6-24 所示；

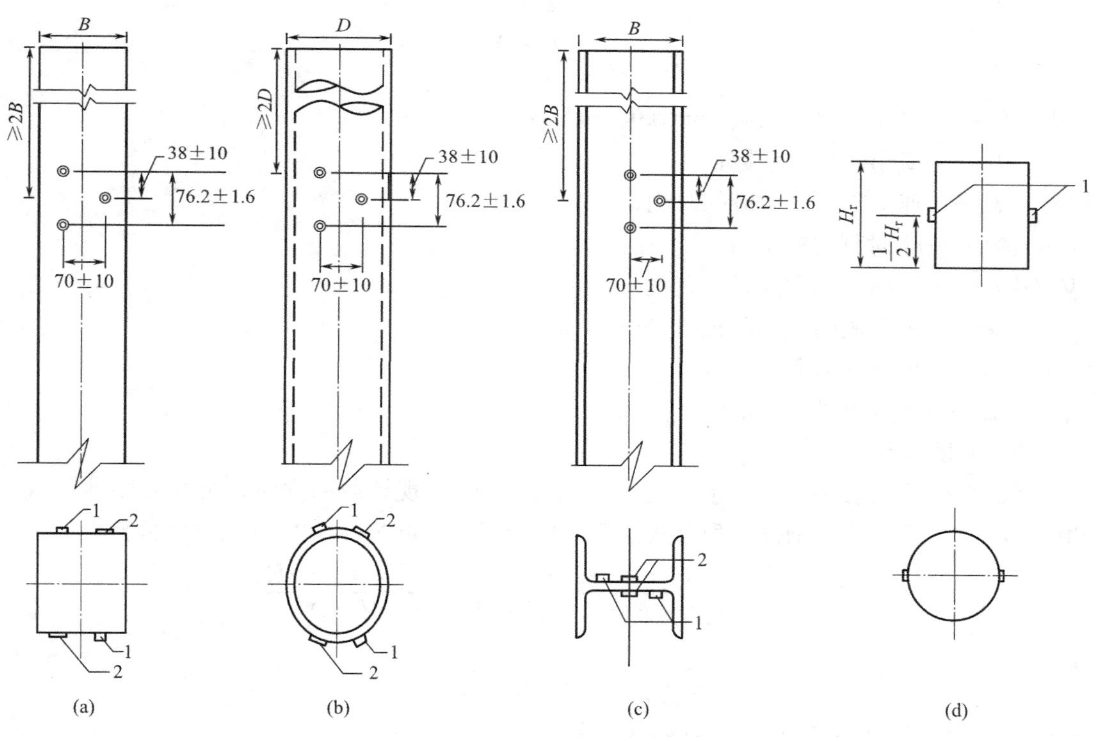

图 6-24　传感器安装示意图（单位：mm）

（a）混凝土方桩；（b）管桩；（c）H 型钢桩；（d）落锤

1—加速度传感器；2—应变传感器；B—矩形桩的边宽；D—桩身外径；H_r—落锤锤体高度

② 应变传感器与加速度传感器的中心应位于同一水平线上；同侧的应变传感器和加速度传感器间的水平距离不宜大于 80mm；

③ 各传感器的安装面材质应均匀、密实、平整；当传感器的安装面不平整时，可采用磨光机将其磨平；

④ 安装传感器的螺栓钻孔应与桩侧表面垂直；安装完毕后的传感器应紧贴桩身表面，传感器的敏感轴应与桩中心轴平行；锤击时传感器不得产生滑动；

⑤ 安装应变式传感器时，应对其初始应变值进行监视；安装后的传感器初始应变值不应过大，锤击时传感器的可测轴向变形余量的绝对值应符合下列规定：混凝土桩不得小于 1000$\mu\varepsilon$；钢桩不得小于 1500$\mu\varepsilon$。

（4）锤击设备起吊和锤击

（5）现场信号采集

① 应检查采集信号的质量，并根据桩顶最大动位移、贯入度、桩身最大拉应力、桩身最大压应力、缺陷程度及其发展情况等，综合确定每根受检桩记录的有效锤击信号数量；

② 采样时间间隔宜为 50～200μs，信号采样点数不宜少于 1024 点。

4. 试验数据运用

（1）凯司法公式计算单桩承载力

$$R_c=\frac{1}{2}(1-J_c)\cdot[F(t_1)+Z\cdot V(t_1)]+\frac{1}{2}(1+J_c)\left[F\left(t_1+\frac{2L}{c}\right)-Z\cdot V\left(t_1+\frac{2L}{c}\right)\right]$$

$$Z=\frac{E\cdot A}{c}$$

式中：R_c——凯司法单桩承载力计算值（kN）；

J_c——凯司法阻尼系数；

t_1——速度第一峰对应的时刻；

$F(t_1)$——t_1 时刻的锤击力（kN）；

$V(t_1)$——t_1 时刻的质点运动速度（m/s）；

Z——桩身截面力学阻抗（kN·s/m）；

A——桩身截面面积（m^2）；

L——测点下桩长（m）。

（2）判断桩身完整性

等截面桩且缺陷深度 x 以上部位的土阻力 R_x 未出现卸载回弹时，桩身完整性系数 β 和桩身缺陷位置 x 应分别按下列公式计算，桩身完整性可按表 6-24 并结合经验判定。

$$\beta=\frac{F(t_1)+F(t_x)+Z\cdot[V(t_1)-V(t_x)]-2R_x}{F(t_1)-F(t_x)+Z\cdot[V(t_1)+V(t_x)]}$$

$$x=c\cdot\frac{t_x-t_1}{2000}$$

式中：t_x——缺陷反射峰对应的时刻（ms）；

x——桩身缺陷至传感器安装点的距离（m）；

R_x——缺陷以上部位土阻力的估计值，等于缺陷反射波起始点的力与速度乘以桩身截面力学阻抗之差值（图 6-25）；

β——桩身完整性系数，其值等于缺陷 x 处桩身截面阻抗与 x 以上桩身截面阻抗的比值。

桩身完整性判定　　　　表 6-24

类别	β 值
Ⅰ	$\beta=1.0$
Ⅱ	$0.8\leqslant\beta<1.0$
Ⅲ	$0.6\leqslant\beta<0.8$
Ⅳ	$\beta<0.6$

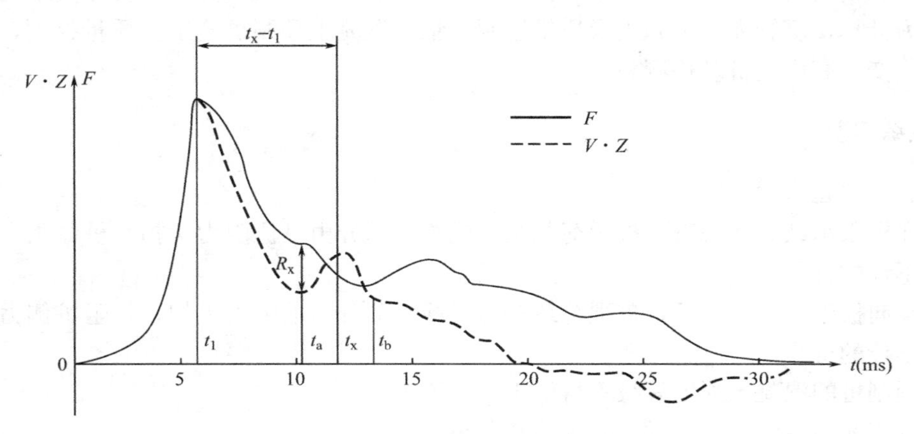

图 6-25　桩身完整性系数计算

【例 6-4】 根据预制桩打入过程的高应变实测波形（图 6-26），试分析桩身结构的完整性情况。

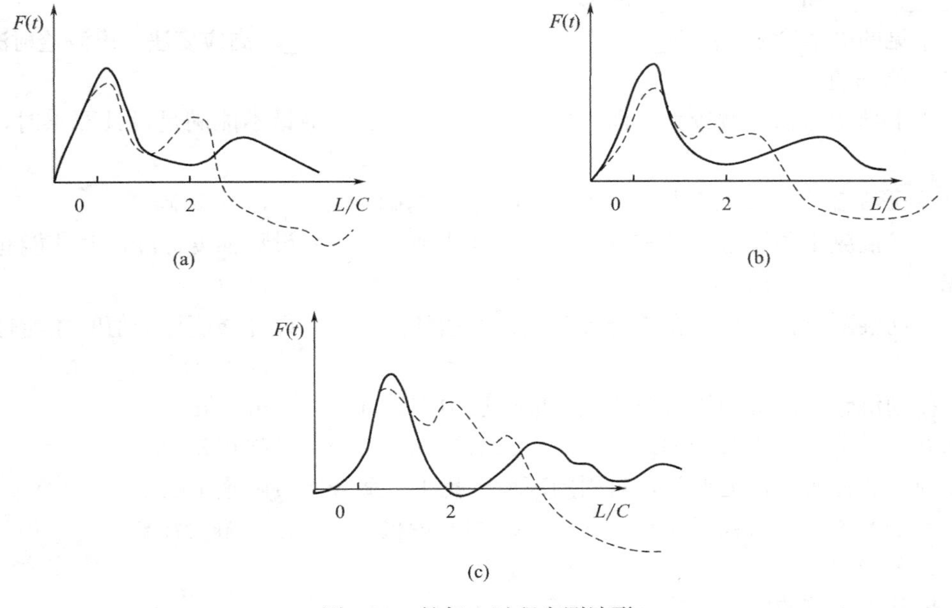

图 6-26　桩打入过程实测波形

解：打桩时，应力波沿桩身传播，遇桩身有缺陷时，反射为拉力波。上行拉力波到了测点，使速度波上升，力波下降。图 6-26（a）的波形表明桩身无缺陷；图 6-26（b）（c）波形的 $2L/C$ 以前波速位于力波的上面，表明桩身有严重缺陷，该缺陷可能是桩身产生裂缝，而且裂缝随锤击数的增加而加大。

【单元总结】

本单元内容包含桩基础认知、单桩竖向承载力计算、桩基础平法施工图识读、沉管灌注桩施工、钢筋混凝土预制桩施工、桩基检测。重点阐述了桩的分类，构造要求，单桩竖向承载力计算，沉管灌注桩施工及质量控制、钢筋混凝土预制桩施工及质量控制，静载试验、低应变、高应变桩基检测。

【思考及练习】

一、填空题

1. 在极限承载力状态下，桩顶荷载全部或绝大部分由桩侧阻力承担，桩端阻力小到可以忽略不计的桩是________。

2. 竖向极限荷载作用下，桩顶荷载全部或绝大部分由端阻力承担，桩阻桩侧力小到可以忽略不计的桩是________。

3. 预制桩的混凝土强度等级不得低于________。

4. 沉管灌注桩施工开始时，桩管偏斜应小于________。

5. 根据单桩轴向荷载传递的过程机理，单桩竖向承载力由________和________组成。

6. 桩基承台分为____________和____________两种。

7. 桩基承台平法施工图有平面注写与截面注写两种表达方法。独立承台的平面注写包含____________和____________两部分。

8. 常见的桩基检测方法有________、________、________、高应变法、声波透射法等。

二、单选题

1. 当上部建筑物荷载较大，而天然地基的承载力、沉降量不能满足设计要求时，可采用（　　）。

A. 条形基础　B. 毛石基础　C. 独立基础　D. 桩基础

2. 钢筋混凝土预制桩应在桩身混凝土强度达到（　　）设计强度标准值时才能起吊。

A. 70%　B. 80%　C. 90%　D. 100%

3. 钢筋混凝土预制桩应在桩身混凝土强度达到（　　）设计强度标准值时才能打桩。

A. 70%　B. 80%　C. 90%　D. 100%

4. 振动沉管灌注桩的拔管速度在一般土层中宜为（　　）m/min。

A. 0.8　B. 1.2～1.5　C. 1.5～2.0　D. 0.8～2.0

5. 施工时无噪声，无振动，对周围环境干扰小，适合城市中施工的是（　　）。

A. 锤击沉桩　B. 振动沉桩　C. 射水沉桩　D. 静力压桩

三、多选题

1. 桩基础按桩的施工工艺可分为（　　）。

A. 端承桩　B. 灌注桩　C. 预制桩　D. 摩擦桩

E. 混凝土桩

2. 现场混凝土灌注桩按成孔方法不同，可分为（　　）。

A. 钻孔灌注桩　　B. 沉管灌注桩

C. 静压沉桩　　D. 人工挖孔灌注桩

E. 爆破灌注桩

3. 预制钢筋混凝土桩的接桩方法有（　　）。

A. 硫黄胶泥浆锚法　　B. 挤压法

C. 焊接法　　D. 法兰螺栓连接法

E. 套管插接法

4. 预制桩的沉桩方法有（　　）。

A. 锤击沉桩　　B. 振动沉桩　　C. 静力压桩　　D. 挖孔埋置

E. 水冲法

5. 根据土质情况和荷载要求，沉管灌注桩可选用（　　）。

A. 单打法　　B. 复打法　　C. 反插法　　D. 正循环法

E. 反循环法

四、简答题

1. 什么是桩基础?

2. 按受力情况桩分为哪几类?

3. 简述单桩竖向承载力主要组成部分及影响因素。

4. 灌注桩按其成孔方式可分为哪几种?

5. 简述沉管灌注桩施工工艺。

6. 简述沉管灌注桩施工过程中易出现的质量问题及防治措施。

7. 简述静压预制桩施工工艺。

8. 简述钢筋混凝土预制桩施工过程中易出现的质量问题及防治措施。

参考文献

[1] 郭继武. 建筑地基基础［M］. 北京：中国建筑工业出版社，2013.

[2] 陈希哲. 土力学地基基础［M］. 北京：清华大学出版社，2004.

[3] 中华人民共和国住房和城乡建设部. GB 50007—2011 建筑地基基础设计规范［S］. 北京：中国建筑工业出版社，2011.

[4] 孙平平，王延恩，周无极. 地基与基础［M］. 北京：北京大学出版社，2010.

[5] 王立新，李竞克. 基础工程施工［M］. 北京：高等教育出版社，2015.

[6] 基础工程施工手册编写组. 基础工程施工手册［M］. 北京：中国计划出版社，2002.

[7] 杨国富. 建筑施工技术［M］. 北京：清华大学出版社，2008.

[8] 广东省基础工程集团有限公司. DBJ/T 15—20—2016 建筑基坑工程技术规程［S］. 北京：中国城市出版社，2016.

[9] 中国建筑科学研究院. JGJ 120—2012 建筑基坑支护技术规程［S］. 北京：中国建筑工业出版社，2012.

[10] 国振喜，曲昭嘉. 建筑工程构造与施工手册［M］. 北京：中国建筑工业出版社，2009.

[11] 本书编委会. 建筑施工手册（第五版）［M］. 北京：中国建筑工业出版社，2013.

[12] 董伟. 地基与基础工程施工［M］. 重庆：重庆大学出版社，2013.

[13] 徐锡权. 基础工程施工［M］. 北京：北京出版社，2014.

[14] 闾成德. 基础工程施工［M］. 天津：天津科学技术出版社，2015.

[15] 董伟，龙力华. 基础工程施工［M］. 北京：北京大学出版社，2012.

[16] 丁宪良. 地基与基础工程施工［M］. 武汉：中国地质大学出版社，2005.

[17] 侯洪涛，宿敏. 地基与基础［M］. 北京：高等教育出版社，2012.

[18] 本书编委会. 工程地质手册（第四版）［M］. 北京：中国建筑工业出版社，2007.